中国海洋经济发展报告
2024

国家发展和改革委员会　自然资源部　编

海洋出版社

2025年·北京

图书在版编目（CIP）数据

中国海洋经济发展报告. 2024 / 国家发展和改革委员会，自然资源部编. -- 北京 : 海洋出版社，2025. 4.
ISBN 978-7-5210-1483-9

Ⅰ. P74

中国国家版本馆CIP数据核字第2025T5W874号

策划编辑：高朝君
责任编辑：肖　炜
责任印制：安　淼

海洋出版社 出版发行
http://www.oceanpress.com.cn
北京市海淀区大慧寺路 8 号　邮编：100081
侨友印刷（河北）有限公司印刷　新华书店经销
2025年4月第1版　2025年4月北京第1次印刷
开本：787 mm × 1092 mm　1 / 16　印张：9.75
字数：104千字　定价：158.00元

发行部：010-62100090　总编室：010-62100034

前 言

为深入贯彻党中央关于“发展海洋经济，保护海洋生态环境，加快建设海洋强国”的重大部署，全面反映2022—2023年我国海洋经济的发展情况，国家发展和改革委员会、自然资源部共同组织编写了《中国海洋经济发展报告2024》（以下简称《报告》）。

《报告》围绕2022—2023年我国海洋经济总体进展、海洋科技创新发展、海洋资源节约集约利用、海洋生态文明建设、海洋领域对外合作、海洋经济治理等方面，系统总结我国海洋经济发展情况，深入分析海洋新兴产业和海洋传统产业发展亮点、沿海省（自治区、直辖市）海洋经济发展的成效及措施，以及现代海洋城市、海洋经济发展示范区等重要增长极的建设进展与经验做法。

《报告》中有关沿海地区与现代海洋城市海洋经济发展情况的相关素材，由11个沿海省（自治区、直辖市）发展改革、自然资源（海洋）行政管理部门提供。《报告》编写得到了国务院有关部门的大力支持，在此一并表示感谢。

编 者

2024年12月

目　录

第一章
我国海洋经济发展情况

第一节　海洋经济总体进展

一、海洋经济运行总体平稳

2022—2023 年，我国海洋经济运行总体平稳，主要经济指标企稳回升，区域海洋经济发展各具特色，海洋产业结构持续优化，高质量发展成效进一步显现。经核算，2022 年全年海洋生产总值为 93 422 亿元[①]，比上年增长 0.9%，占国内生产总值的比重为 7.6%；2023 年全年海洋生产总值为 99 125 亿元，比上年增长 6.2%，占国内生产总值的比重为 7.7%，海洋经济呈现较强复苏态势。

二、区域海洋经济发展凸显优势

海洋经济发展的“蓝色引擎”作用加速释放。国家发展和改革委员会（以下简称“国家发展改革委”）、自然资源部等部门会同沿海各省（自治区、直辖市）积极支持打造海洋经济重要增长极，北部、东部和南部三大海洋经济圈[②] 不断扩能，促进京津冀、粤港澳、长三角等

① 《报告》中 2022 年和 2023 年全国与沿海各省（自治区、直辖市）数据均为初步核实数。《报告》中部分数据因四舍五入的原因，存在各分项合计不等于总值或海洋三次产业比重合计不等于 100% 的情况。

② 北部海洋经济圈指由辽东半岛、渤海湾和山东半岛沿岸地区所组成的经济区域，主要包括辽宁省、河北省、天津市和山东省的海域与陆域。东部海洋经济圈指由长江三角洲沿岸地区所组成的经济区域，主要包括江苏省、上海市和浙江省的海域与陆域。南部海洋经济圈指由福建、珠江口及其两翼、北部湾、海南岛沿岸地区所组成的经济区域，主要包括福建省、广东省、广西壮族自治区和海南省的海域与陆域。

区域进一步拓展向海发展空间。山东、浙江、广东、福建、江苏、广西等省（自治区）出台规划或方案，实施海洋强省（自治区）建设、发展向海经济等专项行动。各具特色的现代海洋城市建设有序展开，上海市大力推动国际航运中心建设，上市航运指数期货；深圳市不断完善海洋科技创新体系，在海洋资源开发保护、海洋信息服务等关键核心技术攻关方面取得突破；大连市稳固发展海洋交通运输业和港口物流业，建设大连（辽渔）国家远洋渔业基地；青岛市建立“海洋十年”国际合作中心，推动海洋科技合作与创新；宁波市加快建设世界一流港口，持续打造现代航运服务高地；厦门市以筼筜湖综合治理为引领，促进河海联动，打造国际海洋生态保护修复的样本。全国 16 个海洋经济发展示范区创新探索更加深入，围绕主要任务探索海洋经济高质量发展路径，一系列体制机制创新举措出台实施，积累了可复制、可推广的经验。

沿海各地区依托资源禀赋和区位优势，大力发展海洋优势产业。北部海洋经济圈的海洋盐业、海洋矿业和海洋化工业快速发展，2022 年的增加值分别占全国的 93.2%、77.5% 和 59.9%；2023 年的增加值分别占全国的 92.6%、79.0% 和 58.1%。东部海洋经济圈的海洋船舶工业、海洋工程建筑业、海洋药物和生物制品业发展态势强劲，2022 年增加值分别占全国的 56.6%、56.5% 和 56.1%，2023 年增加值分别占全国的 60.7%、57.6% 和 53.4%。南部海洋经济圈的沿海滩涂种植业、海洋旅游业和海洋渔业稳步发展，2022 年增加值分别占全国的 47.7%、46.8% 和 46.0%，2023 年增加值分别占全国的 45.8%、45.9% 和 46.1%。

三、海洋产业结构加快调整

现代海洋产业体系加快构建。2022 年，海洋三次产业增加值分别为 4 446 亿元、34 241 亿元和 54 735 亿元，分别占海洋生产总值的 4.8%、36.7% 和 58.6%；2023 年，海洋三次产业增加值分别为 4 681 亿元、35 768 亿元和 58 675 亿元，分别占海洋生产总值的 4.7%、36.1% 和 59.2%。海洋渔业发展稳中有进，两年产业增加值均超过 4%。海洋制造业发展态势良好，2022 年产业增加值占海洋生产总值比重较 2021 年提高了 1.2 个百分点，2023 年产业增加值较 2022 年增长 7.0%。海洋船舶工业、海洋化工业实现高速增长，2023 年两产业的增加值同比增速均超过 8%。海洋新兴产业实现较快增长，2022 年和 2023 年产业增加值同比增速分别为 8.8% 和 8.4%。海洋服务业助推国民经济增长，2023 年海洋服务业增加值 5.9 万亿元，占国内生产总值比重为 4.5%，拉动国民经济增长 0.3 个百分点，其中，海洋交通运输业和海洋旅游业增加值分别较 2022 年增长 7.8% 和 9.8%。

第二节　海洋科技创新发展

一、海洋科技创新环境持续优化

规划政策引领不断加强，持续强化战略规划对重大任务、资源要素、政策措施、成果应用的统筹作用。加大海洋领域重大专项支持，持续实施海洋环境安全保障与岛礁可持续发展、深海和极地关键技术与装备研发专项，部署了海洋环境污染、卫星遥感、海洋气象等相关研究内容，着力推动解决我国深海、极地调查和海洋环境观测等领域在科技创新方面的关键问题，在深海实验站、深海油气、深海采矿、北极保护与可持续利用、南极冰盖快速钻探等方向取得突出进展。海洋领域标准体系逐步完善，2022 年和 2023 年分别发布国家标准 15 项和 22 项，行业标准 31 项和 45 项，在海洋生态环境保护与修复、海洋能利用、海域海岛管理、海洋调查、海洋监测、海洋防灾减灾等方面发挥了重要基础作用。

二、海洋基础研究与调查取得新进展

在海洋基础研究方面，我国首次揭示了深海热液区病毒多样性及其与宿主相互作用的代谢过程，扩展了人们对海洋极端环境中病毒多样性和其功能特征的认识。首次从能量学角度阐释气候演变的低纬驱动作用，认为热带海洋变暖对东亚季风气候具有强化作用，为研究海－陆水热循环联系提供了新见解。启动智能敏捷海洋立体观测仪研发等一批基础前沿科技攻关任务。

在海洋调查方面，成功组织实施多次极地、深海大洋调查。实施第 39 次、第 40 次南极考察、第 13 次北冰洋科学考察和北极黄河站、中－冰联合考察站站基考察，我国科考船首次抵达北极点并开展相关调查和科学研究工作，全面推进南极罗斯海新站建设。自主设计建造的首艘超深水大洋科考钻探船“梦想”号完成首航（见图 1–1），将为我国实施大洋钻探国际大科学计划提供有力支撑。“大洋一号”船、“大洋号”船和“深海一号”船在东太平洋、西太平洋、西南印度洋完成 4 个航次共 457 天的深海大洋调查任务，提升了我国深海进入、深海探测、深海开发能力。组织“淞航”号船、“蓝海101”船和“蓝海201”船在西太平洋、西印度洋完成4个航次共320个站点的公海渔业资源综合科学调查任务，获取大量海洋生物标本，填补了我国在部分海域进行生物收集与保存方面的空白。

图1-1 “梦想”号于2023年12月18日在广州下水试航

在载人深潜方面，2023年，“探索一号”科考船携“奋斗者”号载人潜水器完成国际首次环大洋洲载人深潜科考任务，历时157天，环大洋洲航行22 000余海里，共完成63次有效下潜作业，其中4次下潜深度超过万米。

三、海洋创新平台加快布局

2022年，崂山实验室在青岛正式挂牌组建，其致力于打造突破型、引领型、平台型一体化的海洋领域新型科研机构。国家海洋综合试验场运行管理体系架构、标准规范和资质认证不断完善，自然资源部持续推进与山东、浙江、广东、海南省政府共同建设运行威海、舟山、珠海和深海国家海洋综合试验场，国家海洋综合试验场（威海）实现稳定运行。2023 年自然资源部公布 34 个野外科学观测研究站的建设名单，其中包括大亚湾海洋风险与灾害野外科学观测研究站、南黄海地球多圈层野外科学观测研究站、黄河入海口陆海交互作用野外科学观测研究站等 10 个涉海研究站。布局建设澳门海岸带生态环境、海南南沙珊瑚礁生态系统等海洋生态系统领域国家野外科学观测研究站，为我国海洋生态环境保护、海洋资源开发和可持续利用提供了基础支撑。船海数据智能应用联合创新实验室、智慧海洋信息技术与装备联合实验室、海洋物理高端仪器装备教育部工程研究中心等创新平台成立，海洋智能观测、海洋计量检测、极地工程、海洋遥感定标检验、南海遥感测绘协同应用、海洋甲烷监测、海上丝路海洋资源环境组网观测、海洋生态与人因测评等工程技术创新中心创建。

第三节　海洋资源节约集约利用

一、用海用岛管理持续优化

加快盘活“未批已填”类围填海区域，2022—2023 年全国“未批已填”类区域确权项目 431 个，确权面积约 6 375 公顷。持续推进“已批未填”项目后续处置工作，《财政部 自然资源部关于做好政策性停止围填海项目相关海域使用金退还工作的通知》（财综〔2023〕15 号）明确了政策性停止围填海项目的海域使用金退还政策和相关程序。建立海域海岛监管体系，完善监管机制，及时发现、制止并移交查处涉嫌违法用海用岛案件，坚决将违法活动消除在萌芽状态。2022—2023年发现并制止涉嫌违法填海 34 处，约 18.5 公顷；发现并制止涉嫌违法用岛 14 处，约 4.3 公顷，均已移交有关执法机关依法查处。完成全国大陆和有居民海岛岸线修测，掌握海岸线位置、长度、类型及开发利用等情况。截至 2023 年年末，完成 9 个海域、164 个无居民海岛自然资源确权登记试点。2023 年对 11 个沿海省（自治区、直辖市）开展海洋督察，重点督察新增非法围填海、侵占生态保护红线用海、破坏红树林和无居民海岛等方面的突出问题。

二、海洋空间要素保障有力

2022—2023 年，全国新增批准用海用岛项目 4 079 个，占地面积约 44.1 万公顷，其中报请国务院批准用海用岛项目 69 个，占地面积约 1.9 万公顷，有力地保障了油气开采、港口、核电、国际光缆等国家重大项目用海用岛需求。国务院有关部门强化规划政策引导，优化用海用岛审批程序，推进项目尽快落地，缓解行业用海矛盾，完善海域资源资产产权制度,促进海洋经济平稳健康发展。自然资源部印发《自然资源部关于积极做好用地用海要素保障的通知》（自然资发〔2022〕129 号），其涉及国土空间规划、土地计划指标、用地用海审批、耕地和永久基本农田保护、节约集约用地、土地供应等内容。自然资源部印发《自然资源部关于探索推进海域立体分层设权工作的通知》（自然资规〔2023〕8 号），其对海域立体分层设权工作中涉及的国土空间规划、海域使用论证、用海审批、不动产登记、海域使用金征收等方面予以指导和规范，推动海域管理模式由平面向立体转变。交通运输部等部门联合印发《交通运输部 国家发改委 自然资源部 生态环境部 国家林业和草原局关于加强沿海和内河港口航道规划建设 进一步规范和强化资源要素保障的通知》（交规划发〔2022〕79 号），进一步加强沿海和内河港口航道规划建设、规范和强化资源要素保障。交通运输部等部门联合印发《交通运输部 国家发改委 自然资源部 生态环境部 水利部关于加快沿海和内河港口码头改建扩建工作的通知》（交水发〔2023〕18 号），优化改建扩建项目程序要求，加快推动改建扩建项目落地实施，鼓励在基本不新占或少量新增岸线、水域、土地等资源的情况下，充分利用现有港口码头资源，提升港口码头服务能力。《自然资源部 农业农村部办公厅关于优化养殖用海管理的通知》（自然资办发〔2023〕55 号），从科学确定养殖用海规模与布局、分类管控新增养殖用海、稳妥处置现有养殖用海、全面规范养殖用海审批和出让、积极推行生态化养殖用海、切实加强养殖用海监管等方面对优化养殖用海管理提出要求。

第四节　海洋生态文明建设

一、规章制度进一步健全

逐步完善法律法规建设。第十四届全国人民代表大会常务委员会第六次会议修订通过《中华人民共和国海洋环境保护法》，并自 2024 年 1 月 1 日起施行。生态环境部、国家发展改革委、自然资源部等六部门印发《“十四五”海洋生态环境保护规划》（环海洋〔2022〕4 号），对于打好重点海域综合治理攻坚战，加快实现海洋生态环境持续改善新目标具有引领带动作用。生态环境部、国家发展改革委、自然资源部等七部门印发实施《重点海域综合治理攻坚战行动方案》（环海洋〔2022〕11号），自然资源部等部门印发《海洋石油勘探开发溢油污染环境事件应急预案》（环海洋函〔2022〕27号），健全海洋生态环境保护应急体系。《生态环境部办公厅关于做好重点海域入海河流总氮等污染治理与管控的意见》（环办海洋〔2023〕3号），要求加强入海排污口、海水养殖生态环境等监督管理，推动沿海地区出台海水养殖尾水排放地方标准。

完善海洋生态保护修复政策和标准体系。自然资源部办公厅印发《自然资源部办公厅关于加强海洋生态预警监测质量管理工作的通知》（自然资办函〔2022〕1387号），进一步规范监测质量控制。自然资源部、国家发展改革委与国家林业和草原局印发《海岸带生态保护和修复重大工程建设规划（2021—2035年）》（自然资发〔2022〕18号），对实施海岸带生态保护修复重大工程作出系统部署；自然资源部办公厅印发《"十四五"海洋生态保护修复行动计划》（自然资办发〔2022〕11号），以解决海洋生态环境突出问题为导向，以海洋生态环境持续改善为核心，聚焦建设美丽海湾的主线，从强化精准治污、保护修复并举、坚持综合治理等方面部署了相关重点工作；自然资源部办公厅印发《海洋生态保护修复项目监管工作指南（试行）》（自然资办发〔2023〕24号），从项目申报、实施、验收、后期管护、综合成效评估等环节入手，进一步细化项目监管分工与工作要求；出台和修订海洋生态修复、红树林生态修复、互花米草治理区域生态修复、海滩养护等方面的国家标准、行业标准近10项，规范了海洋生态各领域修复治理细节和规则。

二、海洋生态环境治理更为有力

持续推动实施海洋生态保护修复工程项目。2022—2023 年，中央财政共安排资金 80 亿元，支持沿海城市开展了 32 个海洋生态保护修复项目，截至 2023 年年底，已累计完成整治修复岸线 225 千米、滨海湿地 2 万公顷。通过针对红树林、盐沼、珊瑚礁、牡蛎礁、砂质海岸等海岸带典型生态系统实施保护修复，治理互花米草等外来物种，拆除人工围堰、养殖池塘等构筑物，实施海堤生态化建设，进一步巩固了海岸带生态安全屏障。截至 2023 年年底，全国红树林面积增至 3.03 万公顷，是世界上少数几个红树林面积净增长的国家之一。开展“和美海岛”创建示范工作，评选出 33 个“和美海岛”。2022 年，国控入海河流Ⅰ至Ⅲ类水质断面比例达到 80.0%。2023 年，全国国控河流入海断面总氮平均浓度同比下降 12.2%，近岸海域水质优良[①]面积比例达到 85.0%。

三、预警监测和灾害应对能力增强

增强海洋预报与环境保障能力，建成中国近海 10 千米全国海洋智能网格预报系统，基本形成三级联动机制和全国“一张网”的海洋网格化预报产品。加强“海上丝绸之路”海洋环境安全保障，截至 2023 年年底，累计发布港口、航线、多要素格点预报产品 1963 期，覆盖沿线 67 个重要港口和 102 个主要城市。针对全球 41 次海底地震事件发

① 指达到国家一类、二类海水水质标准。

布海啸信息产品71期。实施海洋生态趋势性监测和典型海洋生态系统调查监测。编制生态海岸带评价指标体系，划定近岸海域生态四级分区，推进海洋生态预警监测能力建设。开展全国红树林、海草床、盐沼生态系统碳储量调查评估试点，初步建立我国蓝碳生态系统碳储量关键参数库。持续推进海平面上升风险评估。完成第一次全国自然灾害综合风险普查关于海洋灾害风险的普查，排查海洋灾害重点隐患6000余处，形成海洋灾害致灾要素数据集和重点隐患表单，建成海洋灾害风险普查信息系统和基础信息数据库。开展海洋灾害风险评估与区划，制作形成国家、省、市、县尺度风险评估区划图集。加强海洋灾害应急管理，截至2023年年底，累计发布风暴潮、海浪警报288期，全国海洋灾害直接经济损失较前五年均值减少约45%。组织开展海洋灾害调查分析和影响评估，发布年度中国海洋灾害公报。

第五节　海洋领域对外合作

一、多领域国际海洋合作会议成功举办

成功举办2022年全球滨海论坛、东亚海洋合作平台青岛论坛、中国－岛屿国家海洋合作论坛、第三届中国－东盟蓝色经济伙伴关系雅加达论坛、首届中国－东盟国家蓝色经济论坛、中韩黄海海洋论坛、厦门国际海洋周、中非海洋科学与防灾减灾研讨会、中韩海洋科学研讨会、中国－太平洋岛国渔业合作论坛、海洋合作与治理论坛、中越海上合作研讨会、中国－太平洋岛国海洋防灾减灾研讨会、中菲涉海问题系列研讨会等一系列多（双）边活动。在2022年联合国海洋大会

期间，举办“促进蓝色伙伴关系，共建可持续未来”等多场边会，阐明我国主张和倡议。在第三届“一带一路”国际合作高峰论坛期间，首次举办海洋合作专题论坛，并发布《“一带一路”蓝色合作倡议》和“一带一路”蓝色合作成果清单。举办第六次中欧海洋综合管理高级别对话、第六次中欧渔业高级别对话、第二届中欧“蓝色伙伴关系”论坛、中欧海上航道安全对话会和中国－欧盟海洋数据网络伙伴关系会议。

二、蓝色伙伴关系持续拓展

不断深化蓝色伙伴合作关系。与所罗门群岛、汤加、瓦努阿图、多米尼克、圣多美和普林西比、坦桑尼亚、安提瓜和巴布达、科摩罗、巴巴多斯、南非、马尔代夫共 11 个国家签署深化海洋领域合作备忘录；同法国就“从昆明到尼斯加强中法生物多样性和海洋领域合作路线图”和构建中法蓝色伙伴关系等事项进行磋商；深化与欧盟在蓝色经济方面的政策交流，加强与新加坡、马来西亚等国在海洋新能源、海洋负排放等领域的合作，丰富蓝色伙伴关系的内涵。强化国家间海洋领域科技合作。与德国召开海洋科技合作联委会会议，形成多项合作项目；与泰国共同举办中泰蓝色市民活动，提升公众海洋意识，续签《极地科技合作谅解备忘录》；与印度尼西亚（以下简称“印尼”）签署的海洋领域合作协议纳入高层访问成果；与越南签署《关于北部湾海洋及海岛环境综合管理合作研究协议》；与阿根廷、韩国签署海洋科技领域合作协议。加大国际极地合作，分别与智利和乌拉圭续签《关于南极合作的谅解备忘录》，召开中智政府间委员会南极分委会会议，推动将北极合作纳入中俄两国关于深化新时代全面战略协作伙伴关系的联合声明。

三、参与全球海洋治理进一步深化

推动国际合作平台建设，主动发起国际合作倡议。成立中国－太平洋岛国防灾减灾合作中心海洋防灾减灾合作分中心，与埃及、联合国教科文组织政府间海洋学委员会（简称“海委会”）非洲分委会等合作方签署共建中非海洋科学与蓝色经济合作中心协议（该中心已揭牌落成）。联合柬埔寨、印尼、泰国、所罗门群岛和海委会西太平洋分委会共同发起“蓝色市民倡议”，以期提升社会公众海洋素养，保护海洋生态健康安全。中国科学家还牵头组织发起“海洋负排放”国际大科学计划。

加强能力建设合作，为发展中国家培养海洋人才。两年来，组织多个海洋科研、技术和管理方面的培训班，有 20 个发展中国家的约 400 名学员参加培训，中国政府海洋奖学金项目共招收 34 名发展中国家青年来华攻读学位。

积极参与涉海国际会议，发出中国声音。组织参加《国家管辖范围以外区域海洋生物多样性养护和可持续利用协定》（BBNJ 协定）磋商政府间大会、国际海底管理局会议、海委会大会和执行理事会会议、北太平洋海洋科学组织政府间理事会等，为涉海谈判提供法理和科技支撑。组织参加由欧盟轮值主席国法国主办的“一个海洋”峰会、约旦最高科学技术委员会主办的红海海洋环境保护和治理国际会议等。全面参与 8 个区域渔业管理组织谈判磋商和履约事务，积极引导规则制定，两项重要提案首次获得通过，为全球海洋渔业治理贡献了中国智慧。组织参加亚太经济合作组织海洋渔业工作组会议，编制《海洋可持续发展报告》。与世界自然保护联盟联合编制《海岸带生态减灾协同增效国际案例集》并在2023年全球滨海论坛进行发布，为国际社会基于生态系统的减轻灾害风险提供了中国方案。参与“联合国海洋科学促进可持续发展十年”倡议，成立“海洋十年”国家委员会。

第六节　海洋经济治理

一、政策引导与支持力度进一步强化

国务院有关部门陆续印发多项政策文件，积极引导、支持海洋经济高质量发展。农业农村部等部门联合印发《农业农村部 工业和信息化部 国家发展改革委 科技部 自然资源部 生态环境部 交通运输部 中国海警局关于加快推进深远海养殖发展的意见》（农渔发〔2023〕14号），围绕深远海养殖发展的重点领域和关键环节，提出全产业链全环节加快推进深远海养殖发展的重点任务。农业农村部印发《农业农村部关于加强水生生物资源养护的指导意见》（农渔发〔2022〕23号），从水域生态环境的系统性保护需要出发，以养护水生生物资源为重点任务，提出到2025年，国内海洋捕捞总量保持在1 000万吨以内，建设国家级海洋牧场示范区200个左右。工业和信息化部、国家发展改革委等五部门联合印发《船舶制造业绿色发展行动纲要（2024—2030年）》（工信部联重装〔2023〕254号），提出到2030年，船舶制造业绿色发展体系基本建成，绿色船舶产品形成完整谱系供应能力，绿色船舶技术具备国际先进水平，绿色船舶国际市场份额保持世界领先。交通运输部印发《交通运输部关于加快智慧港口和智慧航道建设的意见》（交水发〔2023〕164号），提出了25项任务，包括夯实数字底座、

推进生产运营管理智慧化、推进对外服务智慧化、强化科技创新与国际交流合作等。工业和信息化部等部门联合印发《工业和信息化部等五部委关于加快邮轮游艇装备及产业发展的实施意见》(工信部联重装〔2022〕101号),提出发挥我国造船大国和巨大市场优势,以符合国际质量要求为标杆,以满足邮轮游艇消费大众化发展为主导,实施邮轮游艇产业链提升工程,加快形成邮轮游艇装备产业体系。

二、海洋经济运行监测评估能力持续提升

国家标准《海洋及相关产业分类》(GB/T 20794—2021)于2022年正式实施,标准以《国民经济行业分类》为基础,参考联合国《国际标准产业分类》,具体包括5个类别,28个大类、121个中类和362个小类,基本构建了完整的海洋经济统计分类体系,能够更好地为海洋经济管理提供支撑。《2021年中国海洋经济统计公报》《2023中国海洋发展指数报告》等相继发布,多角度、多层次地反映我国海洋经济发展情况,并对我国海洋经济发展进行综合量化评价。

三、海洋金融服务不断创新

加强政策引导,促进各类金融机构持续优化海洋金融服务。自然资源部联合深圳证券交易所连续8年举办海洋中小企业投融资路演,引导海洋中小企业和科技成果对接多层次资本市场。青岛出台《关于推进海域使用权抵押贷款工作的意见》,提出构建海域使用权抵押贷款新模式。深圳出台《深圳银行业保险业推动蓝色金融发展的指导意见》,

进一步加大对海洋产业和涉海企业的金融支持。天津、台州、厦门等地出台航运金融支持专项政策，我国首个航运期货品种——上海出口集装箱结算运价指数（欧洲航线）期货挂牌交易，中国海事仲裁委员会发布航运金融领域标准合同——《CMAC 标准船舶融资租赁合同（上海格式）2022》，促进船舶融资租赁市场规范有序发展。成立航运金融中心、海洋渔业支行等特色机构，积极拓展蓝色信贷、银团贷款等服务。蓝色债券市场不断扩容，2022—2023 年我国境内市场发行 21 只蓝色债券，发行规模超过 133 亿元，主要投向海上风电、海水淡化和深海养殖等领域。福建省成立资金规模达 200 亿元的海洋经济产业投资基金，广东省深圳市成立资金规模达 100 亿元的绿色航运基金，江苏省南通市设立资金规模达 10 亿元的沿海产业投资发展母基金。中国渔业互助保险社成立并签发政策性海水养殖保险保单，各地创新推出“鲍鱼价格指数保险”“海洋生态植被救治保险”“海水亲本鱼保险”等保险产品，国家金融监督管理总局批准部分航运保险公司为港口航运行业提供综合保险服务。

第二章

主要海洋产业发展情况

第一节　海洋新兴产业发展情况

一、海洋工程装备制造业

我国海洋工程装备制造业已经基本形成了依托大型造修船基地和新建专业海洋工程装备产业基地共同发展的局面。海洋工程装备制造企业在辽宁、天津、山东、江苏、浙江、上海、广东等地均有分布，形成了“环渤海”“长三角”和“珠三角”三大海工产业集聚区。2022—2023 年，我国海洋工程装备制造业增加值稳步攀升，2023 年达到 946 亿元，两年产业增加值同比增速分别为 11.7% 和 11.2%。

1. 海洋工程装备总装建造规模全球领先

2022 年，随着国际石油价格大涨，全球海洋工程装备市场出现修复性反弹。2023 年，受全球海上风电船舶以及浮式生产平台订单高位回落、船厂产能紧张等因素影响，全球海洋工程市场复苏之路曲折。尽管近两年全球海洋工程装备市场复苏出现波折，我国海洋工程装备企业依然积极抢占国际市场，加速提升国际竞争力，在国际市场上的领先地位进一步巩固，海洋工程装备交付订单金额、新接订单金额、手持订单金额占全球比重均超过 50%。

2. 海上风电、深远海养殖发展带动新型海洋工程装备研发制造能力提升

2022—2023 年，我国海上风电、深远海养殖等产业蓬勃发展，海上风电工程施工、安装、运维装备以及深远海养殖装备需求旺盛。我国建造的全球首艘新一代 2000 吨级海上风电安装平台“白鹤滩号”、首座深远海浮式风电平台“海油观澜号”、最新一代风电安装船“博强

3060”投运应用，“闽投1号”“乾动1号”“普盛海洋牧场3号”等深海养殖平台相继下水，海洋清洁能源装备和海洋生物资源利用装备不断向高水平跃升。

3. 海洋油气装备“卡脖子”技术取得重大突破

我国海洋工程装备企业加大海洋油气核心装备技术攻关。自主研发的多项装备开发制造技术实现新突破，石油钻井与随钻测井“璇玑”系统迈入大规模产业化新阶段，浅水水下采油树在渤海海域锦州31-1气田成功投产，首套深水水下生产系统在海南莺歌海的东方1-1气田东南区正式应用，首套深水油井水下采油树在流花11-1油田成功投用，国内第一台深水犁式挖沟机、首台2 500米级超深水打桩锤、首套国产深水钢制悬链线立管全自动焊接设备相继成功完成海试，填补了我国海洋油气开采核心装备领域的诸多技术空白，进一步提升了我国海洋装备大国的实力，“海牛Ⅱ号”海底钻机系统在南海超2 000米深水区成功下钻231米，达到世界领先水平。

专栏1　亚洲第一深水导管架平台——“海基一号”

“海基一号”是我国首次针对300米级水深海域设计、建造、安装的亚洲第一深水导管架平台，项目应用2项世界首创和21项国内首创的先进技术，标志着我国深水超大型导管架平台工程建设成套关键技术达到亚洲领先水平。该平台于2022年10月3日在距离深圳东南200多千米的珠江口盆地海域正式投产，对于提升我国深海能源开发能力具有重要意义。

专栏 2　我国首艘海陆一体化生产运营的智能 FPSO——“海洋石油 123”

“海洋石油 123”是一艘 10 万吨级双壳双底浮式生产储卸油装置（FPSO），是我国首艘应用了云计算、大数据、物联网、人工智能、边缘计算等数字技术的全新 FPSO，将为投产后的油气生产运营智能化奠定基础。该装置于 2023 年 6 月 16 日完工交付，在珠江口盆地海域的陆丰 12-3 油田开展作业，预计年产原油 150 万吨。

二、海水淡化业

2022—2023 年，海水淡化业稳步发展，海水淡化工程规模持续扩大，关键领域核心技术有所突破，支持政策更加完善。2023 年全国拥有海水淡化工程 156 个，工程规模为 252.3 万吨 / 日，比 2022 年增加 16.6 万吨 / 日。

1. 海水淡化工程规模持续扩大

沿海缺水省市积极推动大型海水淡化工程建设，拓展水资源增量。河北唐山海港开发区 5 万吨 / 日、山东青岛百发二期 10 万吨 / 日、浙江舟山绿色石化基地二期 20 万吨 / 日和三期 12 万吨 / 日等一批大型海水淡化工程相继投产运营。山东东营港海水淡化及综合利用项目、山东烟台龙口裕龙岛海水淡化项目、浙江嵊泗菜园镇海水淡化项目等相继建成，满足了沿海地区石化、电力等工业用水以及海岛生活用水需求。海水淡化规模化应用进入“快车道”，2022—2023 年新建成工程规模达 66.7 万吨 / 日。

2. 科技支撑能力不断增强

一批海水淡化研究机构相继成立，海水淡化产业科研力量不断壮大。山东海水淡化与综合利用产业研究院在济南落地揭牌，该研发基地将开展海水淡化、污水处理等方面的技术研发和科技成果转化。青岛水务海水淡化设计研究院在青岛揭牌，旨在深度参与国内外大型海水淡化项目，助力海水淡化领域的应用研究及产品开发、技术转化、学术交流、规划设计、项目建设、设备集成和专业技术人才培养。海水制氢技术进展明显，我国科研团队开发出以海水为原料制备氢气联产淡水的技术，并完成了25千瓦级装置的测试验证。

3. 支持政策更加完善

国家和地方出台多项支持海水淡化产业发展的政策措施。中共中央、国务院印发的《扩大内需战略规划纲要（2022—2035年）》提出“在沿海缺水城市推动大型海水淡化设施建设”，《关于加快推进城镇环境基础设施建设的指导意见》《关于推进用水权改革的指导意见》《工业水效提升行动计划》《鼓励外商投资产业目录（2022年版）》《关于加强非常规水源配置利用的指导意见》《关于进一步加强水资源节约集约利用的意见》《国家鼓励的工业节水工艺、技术和装备目录（2023年）》等均对海水淡化业发展作出安排。沿海省市分别出台《天津市促进海水淡化产业发展若干规定》《天津市海水淡化产业发展“十四五”规划》《天津市促进海水淡化产业高质量发展实施方案》和《山东省海水淡化利用发展行动实施方案》，谋划海水淡化业发展。山东、河北等省将海水利用的有关规定纳入当地非常规水源配置、水资源利用等实施文件或管理条例。

专栏3 河北唐山海港区申港海水淡化项目

河北唐山海港区申港海水淡化项目拟建设总规模为20万吨/日，将分两期建设，总投资3亿余元，项目采用“气浮－卧式砂滤－海水反渗透”工艺，引入大唐国际王滩发电厂的冷却海水作为原水，产出的废弃浓盐水将进行综合开发利用。该项目被列为2021年河北省重点建设项目名单，首期建设工程规模5万吨/日的生产线建成投产。两期项目全部建成投产后，将拓展海港区原供水格局，使海水成为供水水源，海水淡化水置换港区供水一期、二期所利用的地下水资源，提高了区域内供水安全性和稳定性，保障了周边工业企业的用水需求。

专栏4 自然资源部天津海水淡化与综合利用示范基地

自然资源部天津海水淡化与综合利用示范基地是全国最大规模的海水淡化与综合利用示范基地。该基地一期已基本具备投用条件，基地全部建成后将为突破海水淡化自主核心技术装备瓶颈，提升海水淡化科技创新水平，打通我国海水淡化自主技术装备从研制到大规模工程应用的“最后一公里”，提供转化平台支撑。

三、海洋电力业

近年来，我国海上风电规模持续扩大，技术水平不断提升，海洋能规模化示范项目稳步推进，产业增加值连续多年保持高速增长。2022年和2023年，我国海洋电力业增加值分别为394.4亿元和444.7亿元，增速分别达到 20.8% 和 12.7%。

1. 海上风电规模不断扩大①

海上风电市场呈稳步增长态势。2022 年，海上风电发电量为 701.2 亿千瓦时，同比增长 116.2%，累计吊装装机容量达到 3 051 万千瓦，同比增长 20.4%。2023 年，我国海上风电发电量达到 824 亿千瓦时，同比增长 17.6%，截至 2023 年年底，我国海上风电累计并网装机容量达到 3728 万千瓦。山东、浙江和广东地区的海上风电并网装机容量增长较快，同比增速分别达到 81%、57% 和 37%。2023 年，江苏、广东两省海上风电并网装机容量突破 1000 万千瓦，分别为 1 183 万千瓦和 1 084 万千瓦。

2. 海上风电技术实现多项突破

海上风电机组及关键零部件技术不断取得新突破，单机容量 16 兆瓦的海上风电机组在福建省并网发电，18 兆瓦的风电机组、126 米超长叶片相继下线，全球最大的 20 兆瓦中速永磁（半直驱、混合式）风力发电机发布，单机容量为 25 兆瓦的海上风电机组实验基地项目获得批复。适应深远海海上风电开发的浮式风机研发工作有新的进展，我国自主研发的 6.2 兆瓦深远海浮式风电装备“扶摇号”完成总装，并开展示范应用,首座深远海浮式风电平台“海油观澜号”在南海并网发电。我国企业自主研发的海上风电机组出口至意大利和越南等欧亚国家。

3. 海洋能规模化利用稳步推进

海洋能规模化利用稳步推进，装机容量和发电量持续增长。截至 2023 年年底，我国海洋能电站累计装机容量约 12.1 兆瓦，同比增长

① 吊装装机容量数据来自中国可再生能源学会风能专业委员会，并网装机容量数据和发电量数据来自国家能源局。

11.1%。海洋能规模化示范与推广应用稳步推进，江厦潮汐试验电站在库区布设了全国首个100兆瓦潮光互补型智能光伏电站，2022年全年并网发电量8 620万千瓦时；2022年4月，我国自主研发的单机兆瓦级机组“奋进号”顺利下水并成功并网，截至2023年年底，连续运行20个月，累计发电近300千瓦时，为潮流能规模化利用积累了工程经验；2023年6月，我国自主研发的单机兆瓦级波浪能发电机组“南鲲”号在广东珠海下水并开展海试，成功实现并网试运行；2023年8月，中国地质调查局广州海洋地质调查局牵头研发的20千瓦海洋漂浮式温差能发电装置在南海成功完成海试，标志着我国海洋温差能开发利用向海上工程化应用迈出关键一步。海洋能开发利用标准体系不断完善，截至2023年年底，我国已实施相关国家和行业标准35项，涵盖海洋能术语、资源调查、装置和测试等方面。

专栏5 我国首座深远海浮式风电平台——“海油观澜号”

2023年5月20日，我国首座深远海浮式风电平台——“海油观澜号”成功并入文昌油田群电网，开启了为海上油气田输送“绿电”的新里程。“海油观澜号”位于距海南文昌136千米的海上油田海域，装机容量约7.3兆瓦，由风力发电机、浮式基础、系泊系统和动态缆组成，整体高度超过200米，吃水总载重吨达11 000吨，通过9根锚链系泊固定在水深120米的海洋深处。投产后，年均发电量将达2 200万千瓦时，全部用于油田群生产用电。该项目打造了海上风电与海洋油气融合发展的新模式，推进了传统油气产业与新能源的有机融合。

四、海洋药物和生物制品业

海洋药物和生物制品业发展平稳，2022 年、2023 年分别实现增加值 731 亿元和 772 亿元。海洋生物制品产业化开发进度加快，海洋药物研发不断取得新突破，产业发展创新平台支撑能力不断增强。

1. 海洋生物制品产业化进程加快推进

2022 年，氨糖和壳寡糖正式实现规模化量产，成功建设并投产两条 100 吨级生产线。工程级原料超纯海藻酸钠生产线稳定运行，能够供应百万人份的肿瘤栓塞制剂、体内药物缓释制剂等产品，带动下游藻酸盐制品的百亿元市场。2023 年，国内最大规模的寡糖制备基地建成投产，有力地推动海洋寡糖实现规模化生产。海洋生物Ⅱ类医疗器械抗人乳头瘤病毒（HPV）妇科凝胶成功上市。

2.“蓝色药库”开发计划取得突破性进展

2022 年，免疫抗肿瘤海洋一类新药“注射用 BG136”（以下简称“BG136”）正式获得药物临床试验批准，2023 年正式启动临床试验，这是国际上首次将海藻来源的糖类药物应用于肿瘤免疫治疗。“蓝色药库”开发计划[①] 的聚集开发梯次产出成功实现首轮融资，开创了新药研发早期项目融资的新模式，一款应用于治疗急性髓性白血病的一类新药研发管线获得 5 000 万元融资支持。

3. 产业平台创新服务能力不断提升

自然资源部第三海洋研究所构建的集“资源保藏－活性物质挖掘

① “蓝色药库”开发计划，是以我国海洋生物医药产业崛起为目标，以海洋新药创制为导向的，旨在对海洋药用资源进行科学、系统、全面、有序开发的海洋创新工程。

与评价－产品研发－质量控制－中试放大－成果转化”为一体的海洋药物和生物制品产业公共服务支撑平台为300余家单位提供2 500余次服务，带动7项海洋生物医药科技成果转化。国家海洋药物和生物制品产业联盟成立，探索以企业为主体、以市场为导向、“政产学研金”协同创新的新机制和新模式。中国海洋学会海洋中药专业委员会成立，为海洋中药产业全链条发展提供了技术保障平台。胶类中药联合创新中心、海洋生物资源与化妆品工程联合创新中心、海洋生物制药产业联合研发中心、海洋植介入医疗器械联合研究中心四个产学研联合创新中心揭牌。

专栏6 海洋一类新药BG136进入临床研究

2022年12月20日，由青岛海洋生物医药研究院、中国海洋大学、正大制药（青岛）有限公司联合研发的免疫抗肿瘤海洋一类新药BG136正式通过国家药品监督管理局审查，获得《药物临床试验批准通知书》。这是国际首个进入临床试验的免疫抗肿瘤海洋多糖类药物，拟应用于晚期实体瘤患者的治疗。2023年6月11日，BG136正式启动临床试验。

BG136是以特定的海洋藻类为原料，经过一系列提取分离、分级纯化得到的一种海洋天然多糖类化合物，其主要成分为倍他葡聚糖。BG136项目的基础研究始于2004年，其获临床准入是继藻酸双酯钠片（PSS）、甘糖酯（PMS）和甘露特钠胶囊（GV-971）之后，我国“蓝色药库”开发所取得的又一实质性进展。

五、海洋信息服务业

近两年，我国海洋信息服务业在基础设施建设、科技创新、服务能力和国际竞争力提升方面取得长足发展。陆海空天一体化数据获取能力显著提升，无人高精度观测 / 监测装备自主研发能力增强，海洋信息公共服务能力逐步增强，国际海洋数据共享合作成果丰硕。

1. 基础设施建设加快推进

海洋新型基础设施建设取得新进展。全球首个商用海底数据中心下水，全球首个海洋数字孪生引擎 DTO Engine 发布，我国首个多圈层立体塔基观测平台建成，国家海洋科学数据中心粤港澳大湾区分中心启动建设。“云海一号 03”“云海一号 04”卫星发射升空，“高分三号”系列卫星成功组网观测，我国首个海洋监测雷达卫星星座正式建成，新一代海洋水色观测卫星成功发射，我国海洋卫星重访与覆盖能力显著提升。海洋观测网总体布局不断优化，形成了集海洋站网、雷达网、浮标网、海底观测网、志愿船、断面调查、卫星遥感等于一体的“陆海空天”综合观测系统，2023 年全国基本海洋观测站点已达 568 个。

2. 观测 / 探测设备技术装备实现突破

自主研制的高船速、大深度投弃式海洋温盐深剖面测量仪和“问海 1 号”6 000 米级自主 / 遥控水下机器人系统完成海上试验，无人机超低空航磁测量技术在海底掩埋磁性目标物探测领域实现首次应用。成功研制全球首套深海多通道拉曼光谱探测系统，在南海冷泉区域成功构建深海原位光谱实验室。突破大洋岛礁重要生态参数遥感高精度探测关键技术，为实现全球大洋岛礁陆海一体化生态制图提供技术支撑。

3. 信息服务能力进一步增强

“海洋二号 D”“海丝二号”等卫星实现业务化运行，国内首套全球海洋表层海水二氧化碳分压数据产品正式发布，全球质量守恒海洋环流预报系统实现业务化运行，国家海洋科学数据中心数据汇交区块链平台上线，粤港澳大湾区海底基础数据调查启动，国内首个海洋地球物理观测站、中国－东盟卫星遥感应用中心揭牌成立。

4. 预报观测体系不断完善

海洋观测预报活动管理更加规范，《自然资源部办公厅关于进一步加强海洋观测预报活动监管的通知》（自然资办发〔2022〕44 号）印发，建立健全事中事后监管体系。《海洋大数据标准体系》实施。国家和沿海地方观测站点实现数据互联互通，海洋数据传输网实现全国沿海地市全覆盖，观测数据实现分钟级实时传输。国家海洋综合数据库建成，数据处理速度为每秒亿级，达到国际先进水平。通过全球海洋和海洋气候资料中心中国中心和东北亚区域全球海洋观测系统延时数据库，每月发布我国海洋站、志愿船、漂流浮标、温盐等资料。通过中国－欧盟海洋数据网络伙伴关系，共享我国 26 个海洋站和 51 艘志愿船的观测资料。我国主持制定的首项海洋地球物理调查国际标准《船舶与海洋技术——海底地震仪主动源探测技术导则》由国际标准化组织发布。我国海上无线电领域海事履约提案通过国际海事组织审议并被采纳，中欧跨区域海洋数据网络伙伴关系合作机制全面启动。

第二节　海洋传统产业发展情况

一、海洋渔业

海洋渔业总体呈现稳步向好发展态势。2022 年、2023 年海洋渔业产业增加值分别达 4 441 亿元和 4 677 亿元。2022 年和 2023 年海水养殖总产量均超过 2 270 万吨，海洋捕捞总产量保持在 950 万吨以上，远洋渔业总产量稳定在 230 万吨以上，远洋渔业自捕水产品运回率达 79%。海洋渔业转型升级深入推进，智能、绿色和深远海养殖稳步发展，海洋水产品稳产保供水平进一步提升。

1. 深远海养殖发展全面推进

《2022 农业农村产业发展重大技术需求》将深远海养殖鱼类新品种和养殖智能化设施装备纳入其中。一大批深远海养殖平台成功投入运营，如全国首台自升式桁架类网箱、半潜式深远海智能养殖旅游平台“普盛海洋牧场 1 号”和“普盛海洋牧场 3 号”，轻型半潜桁架式养殖平台“海洋牧场海威 1 号”和“海洋牧场海威 2 号”等纷纷正式启用，其中“普盛海洋牧场 1 号”2022 年起捕首批渔获约 37.5 万千克军曹鱼。全球首艘 10 万吨级智慧渔业大型养殖工船“国信 1 号”获批深远海养殖运营管理试点，并成功起捕高品质大黄鱼超千吨，产值突破 1 亿元。全球首台风渔一体化智能装备“明渔一号”首次成功收获金鲳鱼 4 500 余千克及石斑鱼、金头鲷等试验鱼种。

2. 现代化海洋牧场加快建设

农业农村部印发《关于加强水生生物资源养护的指导意见》（农渔发〔2022〕23 号），国家级海洋牧场示范区建设加快推进。截至 2023

年年底，国家级海洋牧场示范区总数达到168个。海洋牧场智能化、绿色化水平不断提升，多元融合发展取得新进展，全国首个大黄鱼智能无网声波海洋牧场投入使用，亚洲最大的海洋牧场项目“百箱计划”投用，“经海004号”“经海006号”“经海007号”深海智能网箱成功实现“鱼脸识别①”。山东建成首个海洋牧场“零碳”智慧用能示范区。全国首个三次产业深度融合海洋牧场综合体示范项目“耕海1号”开业运营，探索融合发展新模式。

3. 远洋渔业加速高质量发展

《农业农村部关于促进“十四五”远洋渔业高质量发展的意见》（农渔发〔2022〕4号）《农业农村部办公厅关于做好金枪鱼渔业国际履约工作的通知》（农办渔〔2022〕1号）《远洋渔业“监管提升年”行动方案》《远洋渔业人才建设三年行动方案》等政策文件出台，进一步推进远洋渔业规范有序高质量发展。远洋渔业国际合作与交流不断深入，我国正式接受世界贸易组织《渔业补贴协定》议定书，国务院新闻办公室发布《中国的远洋渔业发展》白皮书，分享我国远洋渔业管理经验。稳妥开发新渔场新资源，首次在南印度洋海域开展试点探捕，积极推进专业竹筴鱼捕捞船建设。在太平洋、大西洋和印度洋开展公海自主休渔，全面推进公海渔船电子渔捞日志试运行工作。继续开展远洋渔业企业履约评估，坚持以“零容忍”态度打击违规渔业活动。

4. 金融支持海洋渔业发展的力度持续加大

2023年，中国渔业互助保险社获批开业，在海南省三亚市签发首张保单承保深海网箱养殖金鲳鱼，与中国远洋渔业协会签署战略合作

① 指通过雷达和双目扫测系统，实时掌握鱼的身长、体重，从而实现精准喂养，并判断鱼群是否达到上市售卖的要求。

协议，为海洋渔业健康、安全发展提供保障。农业农村部渔政保障中心与中国渔业互保协会签署战略合作框架协议，共同打造渔业安全发展平台。全国首家平安智慧海洋研究中心在广东省阳江市成立，中国建设银行深圳市分行海洋渔业支行正式揭牌。中国太平洋保险(集团)股份有限公司在海南落地全国首单“养殖工船”鱼养殖保险，中国人民保险集团股份有限公司青岛市分公司开发了“国信1号”大黄鱼保险。

专栏7　现代南极磷虾捕捞加工船“福兴海”轮开赴南极海域捕捞生产

2023年12月，辽渔集团有限公司投资5亿元建造的现代南极磷虾捕捞加工船“福兴海”轮开赴南极海域捕捞生产。“福兴海”轮是我国第一艘自主设计、拥有完整知识产权的专业南极磷虾捕捞加工船，该船总长136.6米，总吨位15 071吨，年捕捞能力8万吨，也是目前世界上最大、捕捞能力最强的专业南极磷虾捕捞加工船。该轮采用世界上最先进的连续真空泵吸式拖网捕捞技术，安装拥有国际领先水平的磷虾粉、脱壳虾肉、熟虾、磷虾油及多条冷冻虾生产线，具备国际先进水平的加工废液处理系统，实现废液零排放；建立船载科学实验室，为科研人员提供科学研究平台，推动了南极磷虾资源可持续开发利用；采用先进的环保燃油推进系统，推动远洋渔业实现低耗能、低污染发展；装备拥有国际领先水平的鸟类及哺乳动物保护装置，能够有效地保护极地海洋生态环境和生物资源。

二、海洋油气业

我国海洋油气产量连续两年实现双增产，是我国油气增储上产的关键增量。2023 年，海洋原油增产量占全国原油增产量比重的近八成，海洋天然气增产量占全国天然气增产量比重的 1/5。我国海洋油气产区包括辽宁省、天津市、河北省、山东省、上海市、广东省、海南省 7 个省（市），渤海和南海东部是海洋石油上产的主要区域。海上油气勘探收获不断，海洋油气重点项目推进顺利。

1. 海洋油气产量再创新高

2022 年和 2023 年海洋原油产量同比分别增长 6.2% 和 5.8%，增产量均占全国原油增产量的一半以上。海洋天然气两年产量同比分别增长 10.2% 和 9.1%。南海大气区建设持续加快，“深海一号”深水气田自 2021 年投产一年以来，稳定生产供应天然气超过 30 亿立方米，环海南岛天然气生产集群产能创历史新高，最高日产量超过 2 000 万立方米。我国已建成渤海 3 000 万吨级、南海东部 2 000 万吨级两个大型海上油气生产基地，渤南、陆丰、流花、恩平等油气田群成为海上油气产量增长点。2023 年，国内最大的原油生产基地渤海油田累计生产油气当量超过 3 680 万吨，其中原油产量超过 3 400 万吨，天然气产量超过 35 亿立方米，创历史最高水平，为保障国家能源安全提供了有力支撑。

2. 海洋油气勘探卓有成效

海洋油气勘探获重大突破，在海南岛东南部深水海域发现了我国首个深水深层大气田宝岛 21-1，最大作业水深超过 1 500 米，钻井深度超过 5 000 米，探明地质储量超过 500 亿立方米。我国海上首口页岩油探井涠页 -1 井压裂测试成功并获商业油流，实现了国产化技术装备自主勘探开发我国海上页岩油气资源的目标，拉开海上非常规油气勘探开发的序幕。在渤海南部发现全球最大的太古界变质岩渤中 26-6 油田，渤海湾负向潜山钻获最高日产油气 325 吨、33 万立方米，累计探明和控制地质储量超过 2 亿吨油当量。渤海浅层秦皇岛 27-3 油田明下段测试喜获高产，探明石油地质储量超过 1 亿吨。南海东部深水获亿吨级油气发现，珠江口盆地开平南油田钻获日产超千吨高产油流井，累计探明地质储量超过 1 亿吨油当量。渤海油田成功探获亿吨级渤中 26-6 油田，连续 5 年实现亿吨级新发现。

3. 海洋油气开发持续推进

2022 年，东方 1-1 气田东南区项目、乐东 22-1 气田南块开发项目、亿吨级垦利 6-1 油田 10-1/5-1/5-2/6-1 区块开发项目、锦州 31-1 气田开发项目、恩平 15-1/10-2/15-2/20-4 油田群联合开发项目等多个海上油气田项目顺利投产。2023 年，渤海首个大型整装千亿立方米渤中 19-6 凝析气田一期开发项目顺利投产，气田累计探明天然气地质储量超过 2 000 亿立方米、凝析油地质储量超过 2 亿立方米。由我国自主设计、建造、安装及生产运营的海上深层潜山油气藏开发迈入新阶段。渤海亿吨级油田群垦利 6-1 油田群全面投产，日产原油突破 8 000 吨，当年贡献原油增量 245 万吨。

专栏 8 我国首个深水深层大气田——宝岛 21-1

2022 年 10 月，在海南岛东南部海域的琼东南盆地获勘探重大突破，发现了我国首个深水深层大气田——宝岛 21-1，探明地质储量超过 500 亿立方米，实现了松南 - 宝岛凹陷半个多世纪以来的最大勘探突破，是加快深海深地探测取得的重要进展。此次发现的宝岛 21-1 气田位于海南岛东南部海域深水区，最大作业水深超过 1 500 米，完钻井深超过 5 000 米，距离“深海一号”超深水大气田约 150 千米，海洋地质条件极端复杂。

三、海洋船舶工业

我国海洋船舶工业已建立起集研发、设计、建造、配套、服务为一体的完整产业体系，初步形成环渤海、长三角、珠三角三大造船基地。在全球船舶工业新一轮景气周期背景下，2022—2023 年，我国海洋船舶工业总体呈现快速发展态势，产业增加值同比增速分别为 5.5% 和 20.6%，其中江苏、上海优势突出，产业增加值位居全国沿海地区前列。

1. 国际市场份额保持领先

我国海洋船舶工业保持平稳运行态势，造船大国地位进一步稳固。2023 年，我国全年造船完工量、新接订单量和手持订单量以载重吨计分别占世界总量的 50.2%、66.6% 和 55.0%；以修正总吨计，分别占世界总量的 47.6%、60.2% 和 47.6%，均位居世界第一位，成为全球唯一一个三大指标实现全面增长的主要造船国家。造船企业通过实施生产线智能化改造、加强成本管理等方式降本增效，船企盈利持续改善，2023 年，规模以上船舶工业企业主营收入利润率达到 4.2%，同比提高 2.0 个百分点。

2. 造船业向多元化、高端化、绿色化发展

为适应市场需求，我国造船企业持续加大研发力度，积极抢占高端船舶市场，新接订单量质双升。两年来，我国新接船舶订单修载比（修正总吨 / 载重吨）持续创下历史新高。液化天然气（LNG）、甲醇动力绿色船舶订单快速增长，2023 年新接绿色船舶订单达到国际市场份额的 57%，实现对主流船型的全覆盖。在 2023 年全球 18 种主要船型中，我国共有 14 种船型的新接订单量居全球首位，其中，散货船、油船、集装箱船和汽车运输船新接订单量分别占全球总量的 79.6%、72.1%、47.8% 和 82.7%。国产首艘大型邮轮“爱达 · 魔都号”的正式交付运营，标志着我国已形成船舶产品全谱系总装建造能力。

3. 国产船配产品应用率提升

我国船配企业加速核心设备研发制造，着力突破造船领域“卡脖子”关键技术，自主研发相关装备，持续提升船用主机、船用锅炉、船用起重机、船用燃气供应系统等国产配套设备装船率，造船行业产业链、供应链稳定性明显提升。双联滤器单元实现自主研发，标志着我国船用甲醇燃料供给系统实现国产化。船用高端钢材研发制造能力实现重大突破，大型集装箱船用止裂板全部实现国产替代，化学品船用双相不锈钢国产化率由不足 50% 提高到 90% 以上，国产高锰钢 LNG 储罐项目顺利开工，X92 大型船用低速机曲轴锻件、风电运维船补偿栈桥、LNG 船对船加注系统等装备交付，薄膜型 LNG 船罐液货围护系统专用不锈钢通过专利认证。

专栏 9　我国国产大型邮轮建造进展

全力推进大型邮轮设计建造是中国船舶工业转型升级、提升中国制造在全球影响力的一项重要任务。2019 年 10 月 18 日，中国首制大型邮轮（H1508 船）正式开工进入实质性建造阶段，2022 年 8 月 8 日，我国第二艘国产大型邮轮（H1509 船）在中国船舶集团上海外高桥造船有限公司正式开工建造，标志着中国船舶工业已初步掌握大型邮轮设计建造关键核心技术，自此迈入了"双轮"建造时代。2023 年 11 月 4 日，历经 8 年攻关、5 年设计建造的第一艘国产大型邮轮（H1508 船）顺利交付，被正式命名为"爱达·魔都号"。

四、海洋交通运输业

2022—2023 年，我国海洋交通运输业呈现良好增长态势，海洋货物运输量、沿海港口货物吞吐量快速回升，实现恢复性增长，海洋交通运输业增加值同比分别增长 5.7% 和 7.8%。

1. 海洋运输市场整体稳步向好

随着全球港口拥堵缓解，船舶周转效率提升，海洋运输逐步恢复常态，我国沿海主要港口持续新增外贸航线，中俄等远洋航线、内外贸同船运输新开通近海航线。得益于国际市场对我国风电、海工设备、新能源汽车等产品需求迅猛增长以及国内经济运行企稳回升，钢铁、石化行业和贸易需求恢复，海运市场需求回升，2022 年和 2023 年我国海洋运输量分别同比增长 2.5%、10.2%。2022 年中国出口集装箱运价指数（CCFI）年度均值同比上涨 6.8%，集装箱运输企业利润创下新高。

按总吨位计，2023 年 8 月我国首次超越希腊成为世界最大船东国。

2. 沿海港口生产能力持续提升

2022—2023 年，我国沿海港口生产保持增长态势，货物吞吐量同比分别增长 1.6% 和 6.9%，集装箱吞吐量同比分别增长 4.6% 和 4.3%。集装箱铁水联运量逐年增加，广州港南沙港区四期全自动化码头、北部湾港钦州自动化集装箱码头等多式联运码头已启用运营。随着沿海省内和省间外贸内支线、内贸航线，以及与内陆省海铁联运线路的开通，沿海港口陆海联通能力进一步增强。国内港口在国际上持续保持竞争优势，2022—2023 年，中国港口在全球十大货物和集装箱港口排名中均占七位，宁波舟山港货物吞吐量、上海港集装箱吞吐量连续多年保持世界第一位。

3. 数字化绿色化进程加快

沿海港口加快信息技术应用。《交通运输部关于加快智慧港口和智慧航道建设的意见》（交水发〔2023〕164 号）印发，我国自主研发的各类智能管控系统不断得到推广应用。无人理货系统、智慧疏浚系统、装船机智能化系统、港口 5G 专网、港口综合能源管控平台、高低压混合船舶岸电系统、船舶尾气排放监测设备等陆续上线运行，智慧岸桥远程操作系统“i-Crane”、智能管控系统 A-TOS、港口全面数字孪生技术底座等发布，集装箱全业务链无纸化、全程电子磅单等作业方式已启用。海运企业积极推进航运碳减排，发布《航运绿色能源倡议宣言》，联合上下游企业开发甲醇等绿色燃料动力船舶，开展船用生物燃料试航，推进清洁燃料船队建设。积极构建数字化供应链服务生态，推出电子提单解决方案、远海通全球智能关务系统、航运产业链数字化平台“万舸云”等。

4. 对外开放有序推进

《中华人民共和国国际海运条例》修订发布，推动我国海运市场与国际接轨，鼓励中国船东参与国际市场竞争。外轮沿海捎带取得新突破，中资非五星旗船舶沿海捎带开展试点，相关船舶可在上海、天津、福建、广东、浙江自贸试验区开放港口进行国际中转捎带业务，我国首单外资非五星旗船舶沿海捎带业务在上海港洋山港区正式落地。船舶登记制度改革不断推进，对在海南自由贸易港登记且仅从事自由贸易港港内航行、作业的船舶，取消船舶登记主体外资股比限制。积极引进海外航运专业技术人才，颁发首份外籍船员适任证书。

专栏 10　粤港澳大湾区江海铁多式联运全自动化码头

广州港南沙港区四期全自动化码头地处珠江口，位于连接珠江水系内河网络与深水海港的南沙港区，2023 年 5 月通过竣工验收，是粤港澳大湾区新建的全自动化码头。该码头建有 4 个 10 万吨级海轮泊位及配套集装箱驳船泊位，设计年通过能力 490 万标准箱，其中江海运输作业量预期约 190 万标准箱，集“北斗”导航、5G 通信、人工智能、无人驾驶等前沿技术于一体，创造了 60 多项专利，其中发明专利 31 项。

五、海洋旅游业

海洋旅游业发展从降幅收窄到全面复苏，态势不断向好，2023 年全年实现产业增加值 14 563.9 亿元，同比增长 9.8%，恢复至 2019 年同期水平的 84.5%。

1. 海洋旅游业复苏势头强劲

2022 年，海洋旅游业全年增加值同比下降 14.9%。随着旅行和接触性消费领域相关疫情防控政策的陆续放宽和优化，大众旅游意愿快速释放，从需求侧有力地推进了海洋旅游业的复苏。2023 年全年海洋旅游经济总体呈现供需两旺、动态平衡的市场特征，海洋旅游市场全面复苏，海洋旅游业全年增加值同比增长 9.8%。《中国国内旅游发展年度报告（2022—2023）》显示，按照省际旅游客流流入量计算，全国前十位省际旅游目的地中有一半为沿海省份，其中，江苏省、广东省、河北省、浙江省位居前四位。

2. 助企纾困政策精准实施

国家层面不断完善海洋旅游发展政策体系。国务院办公厅印发《关于释放旅游消费潜力推动旅游业高质量发展的若干措施》（国办发〔2023〕36 号），将海洋旅游作为重点任务之一进行专项部署，提出要“拓展海洋旅游产品。深入挖掘海洋海岛旅游资源，提升海岸海岛风貌”。《工业和信息化部等五部委关于加快邮轮游艇装备及产业发展的实施意见》（工信部联重装〔2022〕101 号）印发，提出提升设计建造能力、完善装备产业基础、扩大消费市场需求、加强合作和人才培养四个方面的重点任务。《交通运输部关于做好全面恢复国际邮轮运输有关工作的通知》（交办水〔2023〕55 号）和《国际邮轮在中华人民共和国港口靠港补给的规定》等相继印发，推进国际邮轮运输全面复航。

沿海各地出台助企纾困措施。山东省印发《推进海洋旅游高质量发展的实施方案（2024—2026 年）》（鲁文旅发〔2023〕21 号），提出发挥山东海岸带比较优势，完善休闲度假旅游体系，一体推进沿黄渤海文化体验廊道建设，打造国内最长的温带海滨休闲度假连绵带，推动全省海洋旅游发展提速、品质提升、市场扩容。上海市印发《全力抗疫情助企业促发展的若干政策措施》（沪府办规〔2022〕5号），对符合条件的旅行社，旅游服务质量保证金暂退比例由80%提高到90%，在全市范围开展保险代替保证金试点。广东省向139家A级旅游景区和省级以上旅游度假区发放纾困资金共计2 265万元。中国人民银行青岛市中心支行单列30亿元再贷款、再贴现额度，创设“青岛畅游贷”“青岛畅游贴”特色金融产品，充分发挥货币政策工具激励作用。

第三章

各沿海地区海洋经济发展情况

第一节　北部海洋经济圈

一、辽宁省[1]

1. 2022—2023 年海洋经济发展成效

2022 年和 2023 年，辽宁省海洋生产总值分别为 4 575 亿元和 4 853 亿元，占全省地区生产总值的 15.9% 和 15.5%，名义增速分别为 2.5% 和 6.1%，海洋三次产业比例分别为 8.6∶37.6∶53.8 和 8.6∶36.0∶55.5。

（1）海洋渔业稳步发展

大力发展现代海洋牧场，积极创建国家级海洋牧场示范区。截至 2023 年年底，全省累计创建示范区 38 个，示范面积 2.8 万公顷，投放人工鱼礁 205 万空方，增殖放流海水物种 66 亿单位。近海捕捞强度得到有效控制，巩固发展海洋养殖渔业，2022 年和 2023 年辽宁省海水养殖产量分别达 339.3 万吨和 356.8 万吨。稳步发展远洋渔业，2023 年全省远洋渔业产量 17.4 万吨，全年共计执行远洋渔业项目 23 个，外派远洋渔船 250 艘，大连（辽渔）国家远洋渔业基地项目获批。辽宁企业投资建造全国最大的专业南极捕捞加工船（图 3-1），起航赴南极海域生产作业。持续振兴水产种业，辽宁省主导培育的菲律宾蛤仔“白斑马蛤”、虾夷扇贝“明月贝”等 11 个水产新品种经国家审定，8 家企业入选国家水产种质资源阵型企业。积极发展深远海设施养殖，2023 年新建重力式深水网箱 70 个，累计养殖水体 30 万立方米。

1　资料来源：辽宁省发展和改革委员会、辽宁省自然资源厅。

图 3-1 专业南极捕捞加工船——“福兴海”轮

（2）海洋交通运输形成分层次发展格局

形成以大连港、营口港为主要港口，丹东港、锦州港、盘锦港、葫芦岛港为地区性重要港口的分层次发展格局。大连港实现对区域全面经济伙伴关系协定（RCEP）成员国核心港口集装箱航线全覆盖，对东南沿海的内贸辐射能力和渤海区域的内贸转运能力不断提升。截至 2023 年年底，辽宁省拥有港区 25 个，正在运营港区 20 个，水路运输企业 147 家，运输船舶 885 艘、124.6 万载重吨，集装箱班轮航线 195 条，生产性泊位 440 个，设计年通过能力 7.7 亿吨。2022 年和 2023 年全省港口货物吞吐量分别完成 7.4 亿吨和 7.5 亿吨。

（3）海洋船舶与装备制造水平不断提升

形成依托大连湾、旅顺开发区、葫芦岛龙港等地船舶配套企业发展的产业布局。2022 年，全省新接船舶订单 775.4 万载重吨，同比增长 53.5%；手持订单 1 373.9 万载重吨，同比增长 19.4%。2023 年，全省造船完工量 381.8 万载重吨，手持订单 1 983.1 万载重吨。全球首制 7 500 立方米液态二氧化碳运输船 1 号船、2 号船顺利出坞，单舱容量世界最大的 13 000 立方米 B 型 LNG 燃料舱顺利完工。

（4）海洋新兴产业加快发展

2022—2023 年，辽宁省海洋药物和生物制品业、海水淡化业、海洋电力业均取得突破性进展。抗阿尔茨海默病一类新药扩产扩能项目建成投产。大连市长海县獐子岛镇 1 000 吨 / 日海水淡化工程和海洋岛镇 800 吨 / 日海水淡化工程相继建成。截至 2023 年年底，全省海上风电总装机容量达到 105 万千瓦。

（5）海洋科技创新能力增强

完成多项海洋核心装备和关键技术攻关，“深远海锚绞系统关键技术及应用”“多无人船分布式集群控制与智能优化”等 10 项海洋重大科技成果获得辽宁省科技进步奖一等奖等科学技术奖励。截至 2023 年年底，全省拥有涉海领域高校院所 12 家、国家级创新平台 7 个、省重点实验室 35 个、省技术创新中心 23 个；依托大连船舶重工集团有限公司等龙头企业构建产学研联盟 6 家，国家高新技术企业 152 家；拥有涉海领域院士 5 位，国家杰出青年科学基金获得者和国家优秀青年科学基金获得者 8 位，“兴辽英才计划”人才和团队 10 个，科技活动人员 1 878 名；拥有海洋科学和海洋工程相关领域博士硕士学位授权点 4 个，本科专业点 13 个，高职专业布点 36 个。

（6）现代海洋服务业协同发展

提升优质海洋旅游产品供给，深挖六市文旅资源，共同谋划“海上游辽宁”等精品旅游线路，促进旅游一体化协同发展，合力打造沿海经济带文化旅游品牌。大连金石滩快乐海岸项目入围“中国服务”

创意案例。2023 年，大连市完成老虎滩、星海湾游艇码头升级工作，开通航线 20 余条，大小游船 133 艘投入运营。2023 年，全省接待游客 5.1 亿人次，同比增长 142.9%；旅游收入 5 022.3 亿元，同比增长 166%。

2. 推动海洋经济发展主要举措

（1）统筹“一圈一带两区”建设工作

成立由省委书记、省长任组长的辽宁省推进“一圈一带两区”①建设工作领导小组，组建都市圈、沿海带联席会议办公室，开展实体化办公，切实形成工作合力。出台《辽宁省“一圈一带两区”区域协调发展三年行动方案》，深入落实《辽宁沿海经济带高质量发展规划》，省直有关部门相继出台推动区域协调发展举措，形成了较为完善的政策体系。制定实施区域协调发展专项资金管理办法，统筹安排各区域专项资金，2022—2023 年共下达区域专项资金 45.5 亿元，支持“一圈一带两区”和县域经济重点项目共 328 个。2023 年，辽宁省政府印发的《辽宁省全面振兴新突破三年行动方案（2023—2025）》将“建设海洋经济强省”作为重点任务之一。

（2）健全沿海六市协同联动机制

基本形成辽宁沿海经济带专项推进组、沿海六市联席会议、各市沿海地区发展办公室三级协调联动工作机制，探索促进规划制定、产

① “一圈”即沈阳现代化都市圈，包括沈阳、鞍山、抚顺、本溪、阜新、辽阳、铁岭 7 市以及沈抚示范区；“一带”即辽宁沿海经济带，包括大连、丹东、锦州、营口、盘锦、葫芦岛 6 市；“两区”即辽西融入京津冀协同发展战略先导区和辽东绿色经济区，其中，辽西先导区包括阜新、朝阳、葫芦岛 3 市，辽东绿色经济区包括岫岩满族自治县、凤城市、宽甸县、本溪县、桓仁满族自治县、抚顺县、新宾县、清原满族自治县、西丰县 9 县（市）。

业发展、科技创新、开放合作、民生事业、制度创新“六项协同机制”。举办沿海六市产业协同发展交流对接会，持续健全辽宁沿海经济带六市重点企业上下游产品信息及协同发展需求目录，搭建企业间对接需求合作平台。加快推动沿海六市石化及精细化工产业协同发展，构建“长兴岛－辽东湾－锦州湾”世界级石化产业基地和精细化工产业带。举办首届沿海经济带六市名优体育产品展览等活动，共同签署“黄渤两岸潮”辽宁沿海经济带文旅合作协议。加强数据汇聚共享，六市共同签署沿海经济带知识产权一体化发展协作协议书。

（3）增强海洋科技创新能力

储备培育海洋科技人才，建设海洋科技创新平台，提高海洋科技成果转化成效，探索海洋科技成果中试基地建设。依托大连海事大学建设辽宁大连无人船科技成果中试示范基地，开展无人船先进技术研发和成果转化等科技服务，加速发展无人船技术与系统装备升级。实施科技成果转化奖励性后补助项目，支持海洋通信、材料等重大科技成果在本地转化。

（4）提升资源节约集约利用水平

严控建设项目用海规模，提高投资强度和利用效率。辽宁省自然资源厅印发《关于推进海域使用权立体分层设权的通知》（辽自然资发〔2023〕51号），提升海域资源要素配置效率。加强自然岸线监管，分段确定监管责任部门和责任人，开展动态监测，确保自然岸线“零占用”。2022年，涉海渔船智能监管平台上线运行，实现科技管船控海，出台《辽宁省海洋渔业船舶导航安全设备使用暂行规定》，76条非法围填海线索全部查处到位。2023年，全省共查办涉渔违法违规案件883起。

（5）夯实海洋环境综合治理

印发实施《辽宁省“十四五”海洋生态环境保护规划》《辽宁省加强入河入海排污口监督管理工作方案》《深化渤海（辽宁段）综合治理攻坚战实施方案》《辽宁省深入打好污染防治攻坚战实施方案》《关于加强海水养殖生态环境监管工作通知》（辽环函〔2022〕61号）等文件。坚持陆海统筹、河海联动，推进近岸海域水质提升，强化入海河流总氮治理、海水养殖环境整治。2023年全省近岸海域水质优良面积比例为89.2%。印发实施《辽宁省美丽海湾建设工作方案》，明确到2025年全省建设13个美丽海湾的目标。

（6）提升海洋风险防范能力

印发实施《辽宁省海洋生态预警监测总体方案（2021—2025年）》《2022年辽宁省海洋预警工作方案》和《2023年辽宁省海洋预警工作方案》等方案。2023年在海洋生态灾害高发的15个海域的48个监测站位，开展赤潮、水母、褐潮、绿潮海洋生态灾害预警常规监测90个航次、应急监测16个航次。持续推进海洋观测网建设，2023年海洋站点实时观测数据传输到报率达97.9%，数据有效率达98.1%。与气象部门实现数据共享，扩大海洋预报基础数据库，提升海洋预报水平。搭建辽宁省海洋观测预警综合管理平台，实现观测预警数据一张图展示。圆满完成辽宁省第一次海洋灾害风险普查，摸清海洋灾害风险隐患底数。

（7）推进海洋生态保护修复

实施凌海、大连庄河海洋生态保护修复项目，有序推进大连庄河、锦州凌海、营口白沙湾、营口盖州、葫芦岛天角山海洋生态保护修复工程。截至2023年年底，整治修复滨海湿地2 065.4公顷、整治修复岸线18.8千米。

（8）搭建对外开放平台载体

鼓励和支持涉海企业通过境内知名国际性海洋展会开拓国际市场。举办辽宁出口商品（日本大阪）展览会，组织涉海设备制造企业参展，为涉海企业搭建对日经贸合作平台，有效带动出口。举办大连－缅甸丹老海洋经济交流暨渔业合作对接会，共同探索海洋经济发展新模式，沟通渔业产业合作需求，挖掘合作潜力。

二、河北省①

1. 2022—2023 年海洋经济发展成效

2022 年和 2023 年，河北省海洋生产总值分别为 2 755 亿元和 2 892 亿元，占全省地区生产总值的 6.6% 和 6.3%，名义增速分别为 3.8% 和 5.0%，海洋三次产业比例分别为 6.5 ：38.1 ：55.4 和 6.3 ：37.9 ：55.8。

（1）海洋科技创新发展

河北省围绕产业链部署创新链，聚焦海洋装备、海洋环境保护、海洋资源开发利用等方面，组织开展了海洋工程装备重腐蚀区智慧防腐、3 000 米水深有缆遥控水下机器人重载卸扣及吊钩装备研发等项目。涉海创新平台和中试熟化基地进一步壮大，唐山师范学院海洋学院正式挂牌成立，河北省现代海洋化工技术协同创新中心运行良好。高品质海洋工程用钢开发及应用、海参养殖和加工关键技术创新与应用项目分别荣获 2022 年度河北省科学技术进步奖二等奖、三等奖。

（2）海洋资源稳定供给

蓝色粮仓供应潜力进一步释放。2022 年，河北省海洋水产品（不

① 资料来源：河北省发展和改革委员会、河北省自然资源厅。

含远洋渔业，后同）产量 77.1 万吨，比上年增长 5.0%，人均海洋水产品产量 10.4 千克，较上年增长 0.5 千克；2023 年，全省海洋水产品产量 79.9 万吨，比上年增长 3.7%，人均海洋水产品产量 10.8 千克，较上年增长 0.4 千克。全省国家级海洋牧场示范区增至 20 家，面积 1 万公顷。2022 年和 2023 年全省海盐产量分别为 125.5 万吨、128.8 万吨。截至 2023 年年底，河北省已建成海水淡化工程 12 个，海水淡化产能达到 39.1 万吨 / 日，海水淡化水产量 7 270 万吨，比上年增长 16.4%，为沿海工业发展提供了重要水资源保障。

（3）对外开放持续深化

2022 年，全省港口完成货物吞吐量 12.8 亿吨，其中唐山港吞吐量达到 7.7 亿吨；2023 年，全省港口完成货物吞吐量 13.6 亿吨，居全国第 4 位，其中唐山港吞吐量达到 8.4 亿吨，居世界第 2 位（图 3–2）。截至 2023 年年底，全省沿海港口泊位达到 257 个，通过能力达到 11.9 亿吨；新增签约内陆“无水港”13 个，累计达到 88 个；海铁联运集装箱吞吐量达 42.5 万标准箱，新开辟外贸航线 4 条，全省集装箱航线达到 65 条。河北省推动唐山、沧州跨境电商综合试验区和秦皇岛跨境电商零售进口试点建设，支持唐山高水平建设唐山曹妃甸国家进口贸易促进创新示范区，积极推进唐山开平市场采购贸易试点顺利通过验收并开展业务。2022 年，秦皇岛、唐山、沧州沿海三市进出口总额 2 475 亿元，占全省外贸进出口总额的 44%，三市实际利用外资 4 亿美元，同比增长 51.2%，占全省实际利用外资的 24.3%；2023 年，进出口总额 2 529.3 亿元，占全省外贸进出口总额的 43.5%，实际利用外资 4 亿美元，占全省实际利用外资的 22.9%。

图 3-2　唐山港打造陆海联通现代化大港口

（4）海洋发展绿色转型提速

港口岸电设施加快建设和使用，新建码头同步规划、设计和建设岸电设施，到 2023 年年末，全省 5 万吨级以上专业化泊位中具备岸电供应能力的达 74 个。加强港口皮带廊道及管道建设，秦皇岛港煤码头通过五星级“绿色港口”评审，多个矿石码头、煤炭码头获评四星级“绿色港口”称号。海洋循环经济良性发展，唐山已建海水淡化项目排出的浓盐水大部分供化工企业和盐场进行再利用，浓盐水用于纯碱生产后产生的固体废物盐泥再次用于碳酸钙产品生产。

（5）海域使用管理更趋精细化

大力推进节约集约用海，实施海域立体分层设权。2023 年共批准秦皇岛、唐山、沧州市建设用地面积 10.9 万亩[①]，其中保障 24 个重大项目和 147 个省重点项目用地，省级审批用海项目 25 个、面积 0.5 万亩，

① 1 亩≈666.7 平方米。

办理用海预审项目 36 个、面积 1.2 万亩，完成项目用海竣工验收 27 个，有效保障沿海经济带高质量发展。严格执行项目用海控制指标，实施差别化海域供给政策，服务保障唐山曹妃甸新能源专用车零部件制造、黄骅港滚装码头一期等重点项目用海。

2. 推动海洋经济发展主要举措

（1）加强规划引领和顶层设计

持续推进规划体系建设，印发实施《河北省沿海高质量发展“十四五”规划》《河北省美丽海湾保护与建设行动方案》《河北省国土空间规划（2021—2035 年）》《河北省海岸带综合保护与利用规划（2021—2035 年）》等方案和规划。连续两年完成涉海经济活动单位名录更新，组织开展重点涉海企业现状调查分析和海洋经济运行评估，初步建立完整规范的海洋经济统计调查体系。

（2）加快构建现代海洋产业体系

全省相关行业主管部门和沿海市县政府持续完善海洋产业政策，不断优化海洋产业发展规划、资金投入、扶持机制，健全产权制度及交易平台，引导现有海洋产业、企业配套发展上下游工程项目，延伸拓展产业链。加快谋划推动海上风电、氢能等重大示范性项目落地，不断夯实、提升海洋传统产业，培育壮大海洋战略性新兴产业，加快发展蓝色金融产业和航运服务业，持续推进海洋产业集群集聚发展，支持海洋经济数字化发展，加快构建具有河北特色的现代海洋产业体系。

（3）创新陆海产业融合发展新模式

河北省以国家级海洋牧场建设为引领，全面推进海水养殖、生态修复与海洋休闲产业融合发展。统筹整合山海、沙滩、海岛、历史人文、自然风光等要素资源，以海洋文化引领海洋旅游、休闲渔业、海洋环保、健康养老等产业发展，拓展提升滨海旅游产业链，提供高品质、多元化的海洋旅游产品，打造国际滨海旅游休闲康养胜地。以特色海洋产业集群为载体，优化整合现有涉海产业集群及涉海产业链，推动陆海产业集聚发展。以人工智能、大数据、5G 等新一代信息技术为支撑，推动海洋装备制造、海洋油气、海洋工程建筑、海洋化工等产业智能化发展。加快优势产业向海洋领域延伸，重点发展智能海工装备制造、新能源与节能环保装备、海洋新材料、海洋电子信息等产业。

（4）深化拓展对内对外开放空间

鼓励省内涉海企业走出去，积极参与“一带一路”合作伙伴的港口与产业园区等基础设施建设，推进港口联运和运营全球化布局。大力发展集装箱业务，增加华东、华南集装箱内贸直航航线，提升与全国沿海主要港口的联动能力，积极开辟俄罗斯远东航线，谋划拓展欧美、非洲等远洋航线，推动外向型经济发展。加强开放平台联动发展，促进涉海企业、涉海项目在河北自贸试验区曹妃甸片区、秦皇岛综合保税区等开放平台落地。

（5）推进海洋生态环境优化

印发《落实“十四五”自然岸线保有率管控目标工作方案》，组织沿海三市制定“十四五”人工岸线整治修复计划，进一步压实自然岸线保护责任。秦皇岛市、沧州市开展海洋生态保护修复，截至 2023 年年底共完成岸线保护修复 28.4 千米，海岸带整治修复 1 075.5 公顷，南大港湿地生态修复 2 550.4 公顷。实施沿海三维基准框架建设方法、近海典型生态高光谱和 SAR 遥感识别技术等研究，实现了海洋生态系统的卫星遥感精细化智能识别和全天候连续监测。深入开展入海排污口整治、入海河流水质提升等 11 项行动，重点推动 8 类、47 项治理工程。以“一湾、一口、一岛、一港”为重点，全面推进、梯次创建美丽海湾，唐山国际旅游岛及龙岛区域入选全国第二批美丽海湾优秀案例。

（6）持续提升海洋灾害预警能力

加强河北省海洋观测站水文气象观测及海洋灾害预警监测，做好海洋灾害应对工作，密切监视监测海洋灾害变化趋势，实时发布预警信息。截至 2023 年年底，共制作发布各类海洋常规预报 2 617 期；发布大浪警报 28 期、风暴潮警报 28 期，发送警报短信近 4 万条、传真 1 120 份。完成旅游旺季秦皇岛邻近海域预警监测，2023 年旅游旺季的主要海水浴场生态状况明显优于 2022 年。

三、天津市①

1. 2022—2023 年海洋经济发展成效

2022 年和 2023 年，天津市海洋生产总值分别为 5 516 亿元和 5 400 亿元，占全市地区生产总值的 34.2% 和 31.4%，名义增速分别为 6.3% 和 −2.1%，海洋三次产业比例分别为 0.1∶52.6∶47.3 和 0.1∶49.7∶50.1。

（1）海洋新兴产业稳步发展

2022 年，全市海水淡化供水量约 0.5 亿吨，中新生态城海水淡化水管线正式通水。2023 年，海水淡化与综合利用示范基地（见图 3–3）已基本具备投用条件，全市海水淡化产能达 30.6 万吨 / 日，南港工业

① 资料来源：天津市发展和改革委员会、天津市规划和自然资源局。

区 15 万吨 / 日海水淡化示范工程已具备供水条件。海洋装备制造产业规模达 400 亿元，壳牌企鹅浮式生产储卸油装置、“津平 1 号”整平船等项目陆续完工交付，海洋装备产业主题园区和海洋高端装备产业示范基地加快建设。

图 3-3　天津海水淡化与综合利用示范基地

（2）海洋传统产业稳产增产

大力发展优质高效渔业，运回自捕水产品超 4 000 吨，2023 年累计在近岸海域放流鱼、虾、蟹、贝等各类苗种约 15 亿单位。积极发展沿海特色休闲渔业、高附加值盐产品，2023 年近海捕捞产量 2.7 万吨、海水养殖产量 1.1 万吨、海盐产量 169 万吨。海洋原油产量、天然气产量均创历史新高，2023 年海洋原油产量 3 769 万吨，天然气产量 41.7 亿立方米，分别增长 5.4% 和 1.2%，服务保障国家能源安全。天津港航运枢纽作用进一步显现。2022 年，集装箱吞吐量、货物吞吐量均同比增长 3.7%，海铁联运量超过 100 万标准箱。2023 年全市港口货物吞吐量 5.6 亿吨，集装箱吞吐量 2 218.7 万标准箱，再创历史新高，关港集疏港智慧平台上线运行。海洋旅游业发展迅猛，航空母舰公园、国家海洋博物馆被评为全国科普教育基地，推动涉海旅游项目进一步丰富产品，推出海洋专题纪录片《津·海岸》。设立海洋文化旅游产业（人才）联盟，推动中新生态城深化全域旅游示范区建设，创建京津地区首家省级旅游度假区。举办“2023智慧海洋研讨会暨第二届海洋大数据应用创新大赛”，为汇聚海洋信息领域高端智力、助力海洋强国建设搭建了深入交流和务实合作的平台。

（3）海洋科技创新能力进一步提升

海洋关键技术取得突破，船用岛用淡化自主装备完成产品定型，形成模块化产品。开展混合动力波浪滑翔机和波浪海水水体剖面观测平台关键技术研究，进行海上试验应用。开展海上稠油热采锅炉给水处理系统标准化研究，并达到国际领先水平。海洋科技创新平台不断健全，天津海水淡化产业（人才）联盟、天津海洋工程装备产业（人才）联盟成员单位已分别发展到58家和162家。天津大学滨海工业研究院建设了4个研究中心，校企共同助力8个涉海产学研成果转化项目落地。天津大学获批“天津市海洋环境与安全保障重点实验室”。

（4）海洋生态保护修复成效明显

2022—2023年完成南港工业区湿地二期建设项目、中新生态城北堤防潮工程、东堤路西侧绿地、U形岛生态修复、观澜角景观工程、东疆亲海公园设施提升等项目建设。按照湿地自然保护区“1+4”规划，开展北大港湿地自然保护区保护修复工作，编制完成生物多样性监测系统方案，完成芦苇复壮200亩，恢复植被150亩。完成中新生态城临海新城东堤路西侧公园15公顷生态绿道建设项目，2023年海洋自然保护地面积占管辖海域面积比重达10%，提前实现“十四五”规划目标。

（5）涉海国际合作不断深化

促进海洋产业对外合作，签署游艇码头等多个项目，中西非、东南亚地区市场开拓能力进一步增强。举办“中国·天津世界港口城市合作论坛”“2023 天津国际航运产业博览会”。加强海洋科教文化交流，国家海洋博物馆联合中国科学院海洋研究所，启动中国－东盟“向海而学”学生视频大赛。深化海洋科技国际合作。国家海洋信息中心举办“中国－东盟”海洋信息技术线上研修班，依托 CMOC/China①、中国 Argo② 资料中心等节点，面向全球提供数据产品服务。国家海洋标准计量中心开办全球教师学院天津中心 2022 年国际线上培训班，成为世界气象组织（WMO）全球海洋观测计划成员单位。天津工业大学与南非大学联合建成“天津市先进膜技术与可持续水资源（中非）联合研究中心”。天津科技大学深化与马来西亚高校合作，共同开展“海洋生物资源开发与可持续利用”研究。

（6）多措并举保障海洋经济持续发展

引导多元投入，2022—2023 年“天津（滨海新区）海洋生态保护修复项目”累计获中央支持资金 8 亿元。加强科技投入和成果转化支持，45 家涉海经济科技企业获得年度研发后补助经费 1000 余万元。发挥天津市企业上市工作领导小组办公室统筹联动工作机制效能，加大对涉海拟上市企业资源的挖掘和培育力度，鼓励协助涉海企业开展债券融资，2022—2023 年发行债券 22 只。推动天津大学滨海工业研究院与 10 余家涉海企业建立了产学研合作关系。对接服务北京燃气 LNG 应急储备项目、中国供销农产品批发市场控股有限公司国际冻品交易市

① CMOC/China 的中文全称为“全球海洋和海洋气候资料中心中国中心”。

② Argo 的中文全称为“地转海洋学实时观测阵”。

场、中国石油化工股份有限公司石油化工科学研究院天津项目等在津落地的涉海项目，提高用海审批效率，为重点项目提供用海用地空间保障，打造京津冀协同发展产业重要承载地。

2. 推动海洋经济发展主要举措

（1）加强海洋经济规划和统计监测分析

积极推进《天津市海洋经济发展“十四五”规划》的实施，定期开展执行情况跟踪调度，推动重点项目有序实施，完成规划中期评估。总结评估 2021 年度和 2022 年度全市海洋经济运行情况，形成《2021 年天津市海洋经济运行情况报告》《2022 年天津市海洋经济运行情况报告》《2021 年度“两个制度”实施情况报告》，完成 2022 年度和 2023 年度全市海洋经济运行情况监测和评估工作，组织完成涉海企业名录更新工作。开展 2022 年度和 2023 年度天津海洋经济信贷支持和保险保障情况统计监测分析与专题调研，形成《关于天津银行业保险业服务海洋经济发展情况的调研报告》。

（2）大力推进海洋新兴产业发展

印发全国首个海水淡化地方性立法文件《天津市促进海水淡化与综合利用若干规定》，制定《天津市促进海水淡化产业高质量发展实施方案》《天津市海水淡化产业发展“十四五”规划》。积极推进南港、临港海水淡化项目建设，围绕海洋药物和生物制品业开展专题研究，推动海洋药物和生物制品龙头企业建设市级重点实验室以及企业总部。

（3）进一步完善海洋资源规划体系

编制《天津市海洋空间规划（天津市海域海岛保护利用规划）（2021--2035 年）》《天津市海岸带保护与利用规划》。印发《市规划资源局关于进一步做好我市重点项目用地用海审批服务的通知（试行）》，加大用地用海要素空间保障力度。印发《天津市位于集中连片已填成陆的历史遗留围填海区域项目打捆整体海域使用论证报告编制要求（试行）》，对符合条件的用海项目实行打捆整体论证。

（4）加强海洋环境监控和预警管理

加强直排海污染源管控，全市直排海污染源保持稳定达标排放，落实"海上环卫"工作机制，定期对海洋垃圾进行巡查清理。加强海洋灾害防控，积极完善海洋生态预警监测体系，持续做好风暴潮等海洋灾害预警监测，做好海洋环境基础预报和精细化预报服务，多渠道及时发布海洋灾害预警信息，不断提升海洋防灾减灾和应急能力。

四、山东省①

1. 2022—2023 年海洋经济发展成效

2022 年和 2023 年，山东省海洋生产总值分别为 16 261 亿元和 16 972 亿元，占全省地区生产总值的 18.6% 和 18.0%，名义增速分别为 9.6% 和 4.4%，海洋三次产业比例分别为 5.8∶43.5∶50.7 和 5.7∶43.3∶50.9。

（1）海洋支柱产业形成示范引领

海洋交通运输业高速发展，实施航线补贴政策扩展国际集装箱航线，海铁联运箱量持续位居全国首位，山东港口成功获批交通运输部

① 资料来源：山东省发展和改革委员会、山东省海洋局。

首个交通强国“智慧港口建设试点”并通过省级验收。海洋旅游业持续复苏，文旅活动热点纷呈，全国暑期文化和旅游消费季暨烟台国际海岸生活节开幕，威海暑期开展150余场千里山海沙滩音乐节系列活动。景区品质提升，青岛明月海藻世界景区被评为国家AAAA级旅游景区，青岛市大鲍岛文化旅游休闲街区入选国家级旅游休闲街区。海洋化工业优化产品结构，潍坊市形成盐化工、溴素及深加工、苦卤化工、精细化工等上中下游一体化发展模式，东营市形成以氯碱化工为主导的循环经济产业链条。

（2）海洋新兴产业发展迅速

海洋工程装备研发力度加大，高端装备取得新突破。国内自主设计建造的亚洲首艘圆筒型浮式生产储卸油装置——“海洋石油122”主体建造完工；我国最新一代深远海一体化大型风电安装船“博强3060”交付；全球首艘10万吨级智慧渔业大型养殖工船——“国信1号”投产运营（见图3-4），并成功起捕高品质大黄鱼超千吨，产值突破1亿元。海洋药物和生物制品业创新发展，抗肿瘤创新药物BG136通过国家药品监督管理局审查，持续推进一期临床研究。产业集群优势凸显，青岛市海洋生物医药产业集群等3个现代海洋产业集群入库“十强产业”雁阵形集群。海水淡化规模稳步增长，2023年已建成海水淡化工程46个，日产规模达到71.3万吨。海洋电力业助力绿色发展，海上风电新增并网规模连续两年居全国第一位，省内首个百万千瓦级海上风电基地建成。全国首个桩基固定式海上光伏实证项目成果发布，首个海上浮式光伏实证基地启动运营；国家大型风电光伏基地暨鲁北盐碱滩涂地千万千瓦风光储输一体化基地首批潍坊120万千瓦光伏发电项目实现全容量并网发电。

图 3-4　全球首艘 10 万吨级智慧渔业大型养殖工船——“国信 1 号”

（3）海洋传统产业提质增效

海洋渔业深入发展，设立全国首个“蓝色粮仓”海上经济开发区，海水产品供给量稳步提高，2022 年和 2023 年海水产品产量同比分别增长 3.2% 和 3.7%。全省国家级水产原良种场达 17 家，占全国的 17%，居全国首位。累计建成重力式深水网箱 2 600 余个、大型深远海智能养殖装备 26 台（套），养殖水体达 280 万立方米。海洋牧场建设持续推进，2022 年新增国家级海洋牧场示范区 8 处，东营康华海洋牧场成功创建为全省渤海湾区域首个国家级海洋牧场示范区。海洋油气业加大勘探开发力度，全年投产新井 23 口，新增产能 22.7 万吨。海洋矿业存续动能，亚洲第一深竖井三山岛副井工程开工建设，连续四个月井筒掘砌破百米；找矿取得重大突破，山东莱州西岭金矿成为国内发现的最大单体金矿床。海洋船舶工业发展态势良好，三大造船指标全面增长，增速均超过 20%。

（4）海洋科技创新平台建设取得重大进展

崂山实验室在青岛正式挂牌组建，初步汇聚一支高水平人才队伍，围绕国家重大战略需求开展科研攻关。自然资源部与山东省人民政府共建中国海洋国际人才港，部省市共建“海洋十年”国际合作中心落户山东，加快推动“深海三大国家平台”建设。“国家深海基地”项目顺利通过验收，国家海洋综合试验场（威海）截至 2023 年累计承接各类试验任务 120 余项。2022—2023 年，山东省海洋食品高质化利用技术创新中心等 8 家现代海洋领域省级技术创新中心获批筹建。

（5）海洋科技创新成果不断丰富

发挥重大海洋科技项目支撑引领作用，2022—2023 年，33 项重大科技创新工程、5 项驻鲁部属高校服务山东重点建设项目、10 项省农业良种工程、16 项中央引导地方科技发展资金项目相继获批立项。海洋油气开发装备实现重大突破，我国自主研发的首套深水水下生产系统、浅水水下采油树系统等成功投用。深海机器人研发应用加速推进，1 500 米深海铺缆机器人与 3 500 米深海挖矿探矿机器人海试成功。“北冰洋中全新世海冰融化新机制的发现”入选 2022 年中国十大海洋科技进展。

（6）海洋生态环境保护聚力增效

海洋生态环境持续向好，2023 年全省近岸海域水质优良面积比例达到 95.6%，同比提升 10.2 个百分点，刷新监测纪录；创新陆海统筹入海河流总氮治理模式，全省 105 条入海河流总氮浓度同比改善 10.9%。浒苔绿潮防控处置成效显著，全年岸滩浒苔清理量较上年减少约 93%。美丽海湾建设扎实推进，累计建成国家级美丽海湾 4 个，数量居全国第一位。海洋碳汇调查评估工作稳步推进，构建山东省海洋自然生态系统碳汇“资源调查、储量评估、潜力评价、技术标准”四大体系，系统推进全省典型区域海洋生态系统碳储量调查评估，完成莱州湾盐沼生态系统、威海双岛湾海草床生态系统、桑沟湾海草床生态系统碳储量现场调查。

（7）海洋对外贸易持续增长

海上经贸通道进一步畅通，山东港口 2023 年新开通航线 37 条，航线总数达 327 条，其中外贸航线 233 条，与共建“一带一路”国家水路运输进出口额同比增长 2.2%，与东盟国家水路运输进出口额同比增长 5.1%。营商环境持续优化，发挥中国（山东）自由贸易试验区载体支撑作用，“航运企业集成化审批服务新模式”“培育发展高端装备型海洋牧场新业态”等 4 项制度创新成果入选国家自由贸易试验区第五批“最佳实践案例”，青岛片区发布全球首单基于数字提单确权转数字仓单质押融资业务。

（8）海洋国际合作愈发密切

搭建海洋领域对外沟通平台，连续举办 7 届东亚海洋合作平台青岛论坛，成功举办东北亚海洋绿色低碳高质量发展大会、东北亚海洋经济创新发展论坛暨 2022 中国海洋经济论坛、世界海洋科技大会、国际海洋动力装备博览会等重大活动。举办“山东与世界 500 强连线”海洋产业合作专场，与日本、韩国、挪威、意大利等 9 个国家（地区）在装备制造、海洋牧场、海上新能源、海洋药物和生物制品等领域签订项目 18 个，总投资 15.4 亿美元。

2. 推动海洋经济发展主要举措

（1）推动落实海洋强省建设行动计划

中共山东省委、省政府强化海洋发展顶层设计，将海洋强省建设列入全省“八大发展战略”“九个强省突破”“十二个着力”重点任务，将海洋发展纳入《山东省建设绿色低碳高质量发展先行区三年行动计划（2023—2025 年）》，印发实施《山东海洋强省建设行动方案》《海洋强省建设行动计划》和《山东省“十四五”海洋经济发展规划》《山东省“十四五”海洋科技创新规划》等专项规划，做细做实海洋经济发展举措，全面实施海洋强省建设“十大行动”。中共山东省委成立海洋发展委员会，每年专题研究海洋工作，“十四五”以来，召开 2 次全省海洋强省建设工作会议、7 次省委海洋委员会全体会议，部署推动海洋强省建设。在青岛、日照召开山东省海洋强省建设现场观摩会，谋划推动新时代海洋强省建设。山东省第十二次党代会提出，要坚持陆海统筹、向海图强，深入实施海洋强省建设行动，打造全国海洋经济引领区，努力做好经略海洋这篇大文章。

（2）强化规划政策落实

持续推动落实《山东省“十四五”海洋经济发展规划》，编制《现代海洋产业行动计划（2024—2025 年）》，出台《山东省海水淡化利用发展行动实施方案》《山东省海洋药物和生物制品业发展规划（2023—2027 年）》《山东省海洋数字经济培育行动方案（2023—2025 年）》等政策文件。筛选确定总投资 1388 亿元的 80 个项目纳入海洋强省建设重点项目库。印发实施《推进青岛西海岸新区高质量发展三年行动计划（2023—2025 年）》。

（3）积极开展试点示范

探索海洋强省建设新路径，加快推进建设青岛蓝谷及威海、日照海洋经济发展示范区。贯彻落实《关于支持青岛西海岸新区进一步深化改革创新加快高质量发展的若干措施》，建立推进青岛西海岸新区高质量发展联席会议制度，对西海岸新区重大事项、重大工程、重大项目予以重点支持，承办第八次国家级新区工作经验交流会暨新区工作推动会。扎实推进长岛海洋生态文明综合试验区建设，赋予长岛海洋生态保护修复、海岛生态文明标准化体系建设等一系列先行示范任务，印发实施《长岛海洋生态文明综合试验区建设行动计划》，组织召开长岛海洋生态保护和持续发展联席会议暨现场推进会议。

（4）持续聚力海洋科技人才引育

自然资源部与山东省人民政府共建中国海洋国际人才港签约落地，第二届中国山东海洋高端人才交流暨项目洽谈会成功举办。青岛市出台《青岛市现代海洋英才激励办法（暂行）》，累计评选出 20 位海洋英才。创新开展泰山产业领军人才工程蓝色人才专项，2023 年度遴选确定泰山产业领军人才工程蓝色人才专项领军人才 10 名，累计支持领军人才团队 49 个，拨付省级资助资金 4 亿余元，推动建设具有国际影响力的海洋人才队伍。编制完成智慧海洋领域“四链”融合 4 张清单，筛选确定了 80 个实施主体、111 个技术攻关需求、155 个人才引育需求，畅通产学研人才渠道。

（5）统筹推进海洋生态治理与修复

实施入海排污口整治和入海河流总氮治理，重点海域综合治理攻坚战有序推进。强化海洋生态保护修复工作顶层设计，印发《关于加强中央海洋生态保护修复项目监管管理的通知》。召开 2023 年长岛海洋生态保护和持续发展联席会议暨现场推进会议，研究支持长岛加快建设的落实意见。严格落实全海域生态红线制度，组织实施“蓝色海湾”“海岸带保护修复工程”等重大项目，“十四五”以来已修复岸线长度 42.9 千米，修复滨海湿地面积 8 661.5 公顷。

（6）加强海洋生态预警预报服务

发布海洋预警产品服务民生，2023年发布赤潮月报、水母灾害预警监测简报、典型生态系统预警监测简报、海洋生物多样性监测评价简报以及专报等各类报告60余期；发布海浪警报54期，风暴潮警报29期；发布海浪、潮汐等各类海洋环境预报1万余期。

（7）不断深化海洋经济区域合作

开展海洋产业合作，推进《落实〈区域全面经济伙伴关系协定〉先期行动计划》，依托企业对接韩国船舶与海工装备产业，开展技术合作与精准招商。开通北方首条青岛—大阪RCEP（区域全面经济伙伴关系协定）快线，建成威海（石岛）—群山—釜山—大阪陆海联运40小时快线，每周挂靠RCEP缔约方航线超百班次。提升与RCEP国家贸易服务水平与运输效率，RCEP“6小时通关”试点日本冰鲜金枪鱼等生鲜易腐货物快速通关放行。

（8）开展烟台海岛保护与开发综合试验

烟台建设长岛国家海洋公园，加快发展海岛旅游、现代渔业、海洋文化等产业，探索海洋资源科学利用新模式。长岛国家公园被纳入《国家公园空间布局方案》，其发展和建设上升为国家战略。全力打造国际零碳岛，印发实施《长岛国际零碳岛发展规划（2023—2035年）》，在联合国气候变化迪拜大会上进行重点推介。实施省级生态产品价值实现机制试点，率先在全省开展海草床、海藻场生态系统碳储量调查，认证大黑山岛为全市首个“负碳”区域，包装推出全国首笔“海草床、海藻场碳汇贷”、全省首笔“海洋牧场物联网贷”和全市首笔“海带碳汇贷”，连续举办2届海洋生态文明（长岛）论坛。纵深推进生态旅游，“渔家乐·民宿”三年提升行动圆满收官，打造示范户100户、民宿聚落5处、省级旅游民宿聚集区1个，入选全省文旅工作典型经验案例并获得推广。创新旅游营销模式，开展新媒体集中宣介、目标市场旅游推介及环岛马拉松比赛、海钓比赛等线上线下推广活动，长岛旅游知名度、美誉度持续提升，2023年进岛人数、旅游接待人次分别较2019年增长20%和25%以上。突破发展生态渔业，“经海001号”至“经海008号”深远海智能网箱全部在长岛海域下水，在养黑鲪鱼、鲈鱼400万尾，年产值达1.3亿元。创新建设长岛“蓝色粮仓”产业园，省政府批复设立全国首个海上经济开发区，达成初步意向投资40亿元。深入挖掘“百年渔俗、千年妈祖、万年史前、亿年地质”文化内涵，高质量建设砣矶岛海洋文化旅游等引领型文旅项目，长岛显应宫获批国家级海峡两岸交流基地，大黑山北庄遗址获评省级考古遗址公园，“一岛一品”海岛特色文化品牌影响力不断扩大。

第二节　东部海洋经济圈

一、江苏省[①]

1. 2022—2023年海洋经济发展成效

2022年和2023年，江苏省海洋经济生产总值分别为8 998亿元和9 592亿元，占全省地区生产总值的7.4%和7.3%，名义增速分别为7.2%和6.6%，海洋三次产业比例分别为3.3：41.2：55.5和3.2：42.1：54.8。

① 资料来源：江苏省发展和改革委员会、江苏省自然资源厅。

（1）海洋优势产业发展良好

海洋交通运输业平稳增长，2022 年江苏沿海沿江港口完成货物吞吐量 26.6 亿吨，同比增长 2.1%；集装箱吞吐量达 2 273.2 万标准箱，同比增长 8.3%。2023 年，全省沿海沿江港口完成货物吞吐量比上年增长 7.6%；集装箱吞吐量比上年增长 5.2%。全省 60 个重点港口项目全面推进建设，连云港港 30 万吨级航道二期工程、南通港三夹沙南航道工程竣工，连云港港 40 万吨矿石码头、苏州港张家港港区东沙作业区进港航道等试运行。连云港港与上海国际港务（集团）股份有限公司（简称“上港集团”）签署战略合作协议，联合开辟东南亚越泰航线，南通港（港口）集团有限公司（简称“南通港口集团”）与上港集团、江苏省港口集团有限公司签署三方合资协议，合资运营吕四起步港区集装箱码头。推动集装箱货物“船边直提”“抵港直装”扩面增效，连云港 - 徐州 - 淮安组合枢纽入围 2023 年国家综合货运枢纽补链强链支持城市，徐州 - 连云港“海铁联运 + 抵港直装”班列首票货物顺利离港发运，开通“沪通快航”并高频常态运营，开通集装箱国际航线（日本），江苏盐城港控股集团有限公司新开辟驶往墨西哥等国的 10 条集装箱班轮航线，形成 43 条对外航线的开放格局。海洋船舶工业稳步复苏，2023 年，全省造船完工量达 1 929.5 万载重吨，同比增长 10.7%；新接订单量 3 512.1 万载重吨，同比增长 97.0%；手持订单量 6 552.9 万载重吨，同比增长 34.9%；三大造船指标分别占据全国份额的 45.6%、49.3% 和 47.0%，连续 13 年保持领先。南通市、泰州市、扬州市海洋工程装备和高技术船舶集群入选国家先进制造业集群名单。海洋旅游业全面复苏，2023 年，沿海三市国内旅游收入达 1 849.5 亿元，比上年增长 91.0%。海洋渔业提质升级，2022 年，海水养殖和海洋捕捞产量合计 134 万吨，比上年增长 3.3%，2023 年全省海水养殖和海洋捕捞产量合计比上年增长 5.0%。盐城滨海陶湾海洋牧场创成第八批国家级海洋牧场示范区。连云港赣榆区入选国家级沿海渔港经济区建设试点名单。“深蓝”号渔业捕捞加工船首航次在南极作业海区捕捞南极磷虾约 40 151 吨。

（2）海洋新兴产业不断壮大

海洋电力业加速发展，2023 年，全省海上风电发电量达 421.4 亿千瓦时，比上年增长 3.2%；海上风电累计装机容量达 1 765.6 万千瓦，比上年增长 0.3%。国能龙源射阳 100 万千瓦海上风电项目、三峡能源江苏大丰 80 万千瓦海上风电项目、江苏国信大丰 85 万千瓦海上风电项目获得核准，SR260 风电叶片在盐城下线，叶轮直径达到 260 米。全面启动 3 个低（零）碳园区建设，加快构建新型电力系统，总投资 160 亿元的绿氢生产项目签约落户。LNG 接收站保税罐正式启用，实现首票保税进口 3654 万美元。海洋药物和生物制品业增势良好，研发涉海中药创新药 2 项。海水淡化能力不断提升，2023 年，全省海水淡化水产量 2.6 万吨，同比增长 0.4%，省内最大的海水淡化项目——田湾核电蒸汽供能项目海水淡化子项目开工建设。

（3）海洋科技创新水平逐步提升

国产船用主机等配套设备装船率持续提高，大型集装箱船用止裂板实现国产替代，推动化学品船用双相不锈钢国产化率由不足 50% 提高至 90% 以上，7 000 吨级深远海绿色智能技术试验船开工建设，1 500 吨中尺度试验船进入实船试航阶段。海洋工程装备技术水平持续提升，世界最大的天然气处理浮式储卸油平台竣工，我国自主研发制造的高 36 米、内外臂总长 26 米的液化天然气卸料臂正式投用，全球最大的旋筒风帆装船并顺利起航，国内最大功率的纯电动拖轮——“云港电拖 2 号”试航成功，国内首台 LNG 接收站撬装式自动化装车系统通过现场验收。“深蓝”号渔业捕捞加工船顺利交船，这是我国第一艘自主研制建造的渔业捕捞加工船（图 3–5）。我国首艘海陆一体化生产运营的智能 FPSO——“海洋石油 123”在南通完成建造并成功交付，我国自主研发、具有完全自主知识产权的“华西 1600”自升式海上风电安装平台成功交付，连云港流体装卸设备有限公司独立研发制造的全球首台（套）“智能船用装卸臂”交付使用。自主研发的运动补偿栈桥填补了国内空白、打破了国外垄断，实现首台（套）应用。全球最大、国内首艘装备双燃料动力系统的大型耙吸式挖泥船下水，填补了清洁能源挖泥船的空白。

图 3–5　“深蓝”号渔业捕捞加工船顺利出航

（4）创新研发机构全面加速布局

江苏海洋生物资源创新中心、江苏省海上风电运维工程技术研究中心、江苏省涉海产学研合作联盟、江苏省海洋资源开发技术创新中心、江苏省海洋信息技术与装备创新中心、江苏省海洋生物资源可持续利用工程研究中心、江苏沿海可再生能源技术创新中心成立，大力推动高校、企业海洋创新资源集聚。南通船舶与海洋工程装备技术创新中心建设海洋腐蚀防护工程技术联合研发实验室，启动实施海洋导航装备技术等关键技术攻关项目 5 项，与江苏科技大学、中国造船工程学会共建联合创新中心，设立“联合研发基金”。截至 2023 年年底，江苏沿海可再生能源技术创新中心获 2 000 万元省级专项资金支持，建成省级技术创新中心 2 个、省级新型研发机构 5 个。

（5）深海领域合作质效提升

打造高能级开放合作平台，举办东盟 – 中日韩（10+3）产业链供应链合作论坛暨东亚企业家太湖论坛、第四届中韩贸易投资博览会暨江苏 – 韩国经贸合作交流会、第二届中韩（盐城）跨境电商高质量发展论坛、2023 全球滨海论坛会议，签订《继续共建江苏省驻韩国经贸代表处协议》，共签约项目 21 个，总投资约 473 亿元。举办高技术船舶和海洋工程装备国家先进制造业集群（南通）发展大会暨船舶海工产业展。出台《支持中国（江苏）自由贸易试验区连云港片区先行先试建设亚欧重要国际交通枢纽若干措施》，在港口基础设施、贸易便利化、多式联运、开放平台、油气全产业链、区域联动六个领域提出一揽子支持举措。全国首家数字人民币结算船舶引航费应用场景在江苏自贸试验区连云港片区落地。“一带一路”供应链基地（阿克套）项目建成运营。连云港至里海 7000 千米的消费商品供应链通道正式启动。

（6）海域资源管理成效提高

围填海历史遗留问题处置稳妥推进。截至 2023 年年底，全省累计处理 171 个图斑、255 个围填海历史遗留问题项目，面积达 6 800.1 公顷。2023 年，全省批准用海近 4.4 万亩，同比增长 19.1%，重大项目用海实现应保尽保，盘活海域资源约 10 418 公顷，开展了 56 个围填海历史遗留问题项目的处理工作，面积为 881.6 公顷。全省围填海历史遗留问题区域累计投入资金 1 亿元，修复海岸线长度 6 千米，修复海滨湿地面积 42 公顷。

（7）海洋生态修复持续推进

2022 年新建 1 处市级湿地公园、9 处湿地保护小区，新增湿地保护面积 1 万公顷以上，连云港“蓝色海湾”整治、盐城海洋生态保护修复项目已累计完成治理面积 230 公顷。2023 年累计海上打捞浒苔 39 358 吨，资源化利用浒苔 4 874 吨，是上一年的近 10 倍，同时处置岸滩浒苔 1 500 吨，较上一年减少一半，有效地遏制了浒苔绿潮的发展态势。2022 年和 2023 年近岸海域水质优良面积比例分别达到 88.9% 和 92.7%。2023 年，国考断面水质优良面积比例为 91%。连续两年入选国家美丽海湾优秀案例，入海排污口整治完成 94.5%。盐城大丰川东港美丽海湾获评国家第二批美丽海湾优秀案例。连岛获评全国首批“和美海岛”。

2. 推动海洋经济发展主要举措

（1）健全海洋经济高质量发展制度体系

印发《中共江苏省委、江苏省人民政府关于发展海洋经济加快建设海洋强省的实施意见》《江苏省“十四五”海洋经济发展规划》，以沿海地区为主阵地重点推进海洋经济优先发展。出台《江苏省海洋产业发展行动方案》，以海洋产业为突破口，高起点谋划新时期海洋强省建设。开展《江苏省海洋经济促进条例》实施情况评估，在重大项目用海保障、金融信贷支持海洋产业发展、海洋经济试点示范等领域取得积极进展。《江苏省海岸带及海洋空间规划（2021—2035 年）》报自然资源部审查备案，构建高质量海洋发展与空间保护格局。

（2）积极谋划海洋经济发展蓝图

在省级层面，先后印发实施《加快推进海洋渔业发展若干措施》《江苏省新能源船舶产业高质量发展三年行动方案（2023—2025年）》《美丽海湾建设三年行动计划》《2023年江苏省海洋生态预警监测工作方案》《江苏省海上光伏开发建设实施方案（2023—2027）》《江苏沿海地区新型电力系统实施方案（2023—2027年）》《关于推进世界级滨海生态旅游廊道建设实施方案》《农业农村部 江苏省人民政府共同支持建设国家级连云港苏鲁海产品产地市场合作备忘录》等文件。在市级层面，连云港印发实施《加快推进海洋经济高质量发展实施意见》《海洋经济高质量发展三年行动方案（2023—2025年）》《支持海洋经济高质量发展政策》，设立规模为3亿元的海洋产业投资基金，市财政每年安排1亿元资金支持海洋经济发展；无锡印发《深海装备产业发展三年行动计划（2023—2025年）》；苏州印发《关于促进全市经济持续回升向好的若干政策措施》的通知，研究设立苏州海洋经济投资基金；南通印发《关于推动海洋产业高质量发展加快建设海洋强市的行动方案》，成立规模为10亿元的沿海产业投资发展母基金。

（3）开展海洋生态环境修复治理

推进管辖海域浒苔防治，在省级层面，印发实施《互花米草治理专项行动实施方案》。印发实施《江苏省美丽海湾生态环境保护项目补助办法（试行）》，积极打造美丽海湾江苏样板。制定《江苏省近岸海域污染物削减和水质提升三年行动方案》，建立“清单式”入海污染物削减机制，因地制宜地采取近岸海域综合治理和污染防治工程建设等手段，不断削减入海污染物总量。印发实施《关于进一步做好用地用海要素保障的通知》，出台4个方面的16条政策措施，深入开展资源要素保障护航行动，精准配置资源要素，提升服务保障效能。《江苏省国土空间生态保护和修复规划（2021—2035 年）》印发实施，确定重要生态系统保护修复目标任务，构筑从陆域到海域、从山顶到海洋的生态保护修复新格局。印发《江苏省 2023 年度近岸海域污染物削减工作计划》，累计投入资金 42 亿元，推进 129 个近岸海域污染物削减重点工程项目建设。

二、上海市[①]

1. 2022—2023 年海洋经济发展成效

2022 年和 2023 年，上海市海洋生产总值分别为 9 138 亿元和 10 244 亿元，占全市地区生产总值的 20.4% 和 19.9%，名义增速分别为 −5.3% 和 12.1%，海洋三次产业比例分别为 0.1 ∶ 28.3 ∶ 71.6 和 0.1 ∶ 28.5 ∶ 71.4。

（1）持续提升海洋港口现代化建设水平

2022 年和 2023 年，上海港集装箱吞吐量分别达 4 730.3 万标准箱和 4 915.8 万标准箱，连续 14 年保持全球首位。洋山港 2 万立方米 LNG 加注船完成中国首单国际航行船舶保税 LNG 加注业务，上海港成为全球第三个拥有 LNG 加注服务能力的港口。服务平台建设不断完善，成功召开“2022 北外滩国际航运论坛”，“上海国际集装箱舱位交易平台”上线试运行，上海船员评估示范项目揭牌，“AI+ 海洋科创中心”正式挂牌，试点建设“洋山海洋离岸科创中心”。

① 资料来源：上海市发展和改革委员会、上海市海洋局。

（2）海洋船舶工业和海洋工程装备制造业实现突破

海洋船舶工业持续发展，2022 年上海市造船完工 595.2 万载重吨，位居全国前列。沪东中华造船（集团）有限公司承建的船舶配用的 MARK Ⅲ型围护系统燃料舱安装平台完成国内最大吊装吨位单舱整吊。2023 年造船完工 54 艘，共 660 万载重吨，新承接订单量 700 万载重吨，手持订单量 1745 万载重吨。“爱达·魔都号”正式命名交付（图 3-6），大幅提升了我国在船舶海工领域的世界影响力。江南造船（集团）有限责任公司自主设计建造的拥有世界最大舱容的 30 000 立方米 LNG 运输船——“Coral Nordic”号顺利交付。建设创新联合体，揭牌上海船舶动力制造业创新中心，启动筹建国家海洋动力装备计量测试中心，船舶行业龙头企业携手产业链上下游企业组建深海采矿装备生态创新联合体、海上 LNG 装备生态创新联合体、船舶动力生态创新联合体，并与江苏省、浙江省和安徽省相关部门签署《共建船舶海工产业集群备忘录》，支持“链主”企业在沪开展研发及生产条件建设，促进长三角地区海洋船舶工业和海洋工程装备产业技术高质量发展。

图 3-6 “爱达·魔都号”首次试航

（3）海洋能源发展迅速

加强海上风电装备和技术研发，全新一代半直驱机组 EW8.5-230 成功并网，该机组风轮直径达 230 米，是全球已并网的最大直径风轮机组。2022 年上海市海洋能源发电量达 21.9 亿千瓦时，同比增长 37.6%。

（4）海洋科技创新动能不断提升

上海长兴海洋实验室的海洋装备研发基地建设取得重要进展，并引入中国船舶集团有限公司第七〇八研究所、第七二六研究所以及第六一一研究所等科研院所的船舶磁性实验室和特种材料等项目。海洋工程全国重点实验室、水路交通控制全国重点实验室成立。东海海底观测网完成陆上数据中心建设。全球海洋综合科学观测能力最强的观测塔——东海多圈层观测塔完成主体结构海上安装。海洋磁场传感器、深海激光雷达、LNG 超低温柔性次屏蔽材料等一批关键核心装备和材料技术攻关取得新突破，完成氢能源示范船第三轮迭代设计。

（5）涉海国际合作更加深化

深入参与全球海洋治理，印发《上海市高级人民法院关于为加快建设现代海洋城市提供司法服务和保障的工作意见》和《上海市推进国际商事仲裁中心建设条例》，吸引境外知名仲裁及争议解决机构在上海设立业务机构。加强海洋高能级机构集聚，与国际海事组织签署合作备忘录，上海波罗的海国际航运公会中心升级为亚太总部，中国船东协会（CSA）成为国际航运公会（ICS）正式会员，制定《国际大洋钻探中国科学执行计划》，积极推进在同济大学成立中国大洋钻探科学执行中心。举办世界顶尖科学家论坛、“AI 赋能海洋——畅享·智能航运暨2022年度中国智能船舶创新联盟论坛”等国际交流活动，申办国际海上保险联盟2028年年会。上海港和洛杉矶港共同倡议建立“绿色航运走廊”。服务保障中国第13次北冰洋考察和第40次南极考察顺利实施。

2. 推动海洋经济发展主要举措

（1）强化政策规划指导支持

发布《上海现代海洋城市发展蓝皮书（2023评估报告）》，出台《上海船舶与海洋工程装备产业高质量发展行动计划（2023—2025年）》《推进国际邮轮经济高质量发展上海行动方案（2023—2025年）》《上海市长江口—杭州湾重点海域污染防治攻坚战实施方案》《崇明世界级生态岛碳中和示范区建设实施方案（2022年版）》《外高桥地区邮轮产业发展规划》《上海市互花米草防治专项行动实施方案》《上海市人民政府办公厅关于加强本市长江河口海域重叠区域管理工作的实施意见》（沪府办规〔2023〕4号）等文件，明确了海洋产业发展、海洋生态环境保护等方面的目标和措施。持续推进上海崇明海洋经济发展示范区建设。

（2）加强海洋经济运行监测与评估

持续推进海洋经济活动单位名录更新。研究优化核算方法，形成全市和沿海区海洋生产总值核算成果。定期开展季度、年度海洋经济运行分析，发布《2021年上海市海洋经济统计公报》和《2022年上海市海洋经济统计公报》。发布《2023年上海市海域使用管理公报》，进一步增强“海洋+统计”工作机制合力。落实重点涉海企业联系制度，持续推进海洋产业综合服务平台建设，组织开展季度调研和海上风电、智能船舶航运等领域融资路演、技术沙龙等活动。

（3）重视海洋生态环境保护与修复

严格控制陆源污染入海。建立和完善入海排污口备案制度，推进沿江沿海城镇污水厂提标改造和城乡水环境治理工作。临港海洋生态保护修复项目主体工程完工验收。奉贤滨海海洋生态保护修复项目顺利开工。加快推进江海共治和陆海统筹。持续开展长江口海域国家级海洋牧场示范区跟踪监测和效果评估，着力提升海岸带生态服务功能，构建高品质亲海岸线。支持绿色低碳技术在“上海港—洛杉矶港绿色航运走廊”先行先试，开展海洋碳汇调查评估，探索蓝色碳汇交易。提升海洋灾害防御和应急处置能力，完成三套海洋观测浮标建设与陈行、长兴水文平台增能改造。

三、浙江省[①]

1. 2022—2023 年海洋经济发展成效

2022 年和 2023 年，浙江省海洋生产总值分别为 10 466 亿元和 11 279 亿元，占全省地区生产总值的 13.4% 和 13.2%，名义增速分别为 7.5% 和 7.8%，海洋三次产业比例分别为 5.1∶41.0∶53.8 和 5.3∶40.1∶54.6。

（1）海洋产业综合实力日益增强

海洋传统产业稳步增长。浙江省全力打造深远海现代设施渔业集聚区，发展管桩式围栏、抗风浪网箱和智能化养殖平台等，各类民间投资超过 10 亿元，过洋性远洋渔业已按有关双边、多边国际渔业协定

① 资料来源：浙江省发展和改革委员会、浙江省海洋经济发展厅。

遍布10个国家的专属经济区。2022年，浙江省海洋捕捞产量、海水养殖产量和远洋渔业产量分别为257.2万吨、149.6万吨和68.6万吨，同比分别增长0.1%、7.4%和12.7%；海洋船舶企业2022年新承接船舶订单量、手持订单量分别为542.2万载重吨和803.5万载重吨，同比分别增长28.8%、42.9%，订单保障系数达2.9年，创7年来新高。成功交付全球最大的液化天然气模块装置。全面推进浙江省海岛县15个文旅重大项目、25个海洋旅游"十大百亿"工程项目，146个"双百计划"在建实施类海洋旅游项目和850个十大海岛公园"微改精提"项目，2023年累计完成投资312亿元。全省海洋新兴产业蓬勃发展，启动1 000吨超级鱼油及中药项目，全国首个省级智慧海洋大数据中心上线运行，整合国家部委、省市、涉海企事业单位的海洋数据超过3.6亿条，形成海洋数据分类、管理、交换等28项行业标准，推进智慧海防、海洋精确气象预报等示范应用。

（2）海洋科技创新潜力不断积累

全方位实施科技兴海行动，成立长三角海洋生物医药创新中心，全省拥有海洋领域国家重点实验室2家、国家工程技术研究中心2家、省级重点实验室32家、省部属科研院所10家，以及全职在浙院士9名、领军型创业创新团队8个、浙江省"万人计划"杰出人才13名，培育涉海科技领军企业7家、高新技术企业1 129家、科技型中小企业2 413家、省重点企业研究院24家。

（3）海洋港口"硬核"力量持续彰显

港口基础设施加快建设，宁波舟山港主通道建成，鱼腥脑航道建成投运。2022年，宁波舟山港货物吞吐量达12.6亿吨，连续14年位居全球第一，集装箱吞吐量达3 335万标准箱，连续4年位居全球第三（图 3-7）。集装箱航线实现新突破，全省航线总数达 300 条，较 2021 年年末新增国际航线 13 条，其中“一带一路”合作伙伴航线达 120 条。印发实施《世界一流强港建设工程实施方案（2023—2027 年）》，2023 年前三个季度，宁波舟山港完成货物吞吐量 10 亿吨，同比增长 4.3%，完成集装箱吞吐量 2 720 万标准箱，同比增长 3.4%，宁波舟山港新华·波罗的海指数排名跃升至第九位。宁波远洋运输股份有限公司首次进入全球班轮公司“前 30 强”。宁波舟山港完成首船保税 LNG 加注业务，成为全球第五个具备国际船舶 LNG 加注服务能力的枢纽港。

图 3-7　宁波舟山港作业现场

（4）临港制造业集聚水平进一步提升

聚焦高端船舶与海洋工程装备、节能与新能源汽车、精细化工、炼油化工、高端新材料五大特色产业集群，推进重大项目建设，围绕节能与新能源汽车、高技术船舶、绿色智能船舶、特种船舶领域，支持首台（套）产品工程化攻关项目 14 个。

（5）陆海新通道建设深入推进

深入推进义甬舟开放大通道建设及西延行动，宁波—舟山、金华—

义乌双核枢纽功能提升，形成陆海统筹、东西互济的双向辐射格局。2022 年开行中欧（义新欧）班列 2 269 列，线路辐射 50 多个国家、160 多个城市。京杭运河二通道全面建成通航。金甬铁路双层高箱集装箱示范线路工程全线贯通。加快推进山海协作工程，实现“产业飞地”“消薄飞地”在山区 26 个县全覆盖，构建“山”“海”项目共引、产业共建协作新格局。

（6）海洋空间管理和生态修复力度加大

2022 年，完成 6 000 余个海岛地理实体的实地调查，设立海岛地名标志碑 983 个。累计完成海岸线整治修复 360 千米。主要入海河流（溪闸）水质均达标，近岸海域水质持续改善，全省近岸海域水质优良面积比例从 2016 年的 31.4% 上升到 2023 年的 56.3%。台州实现“蓝色循环”全覆盖，2023 年 4 月“蓝色循环”获评第六届数字中国建设峰会数字生态文明优秀案例。

2. 推动海洋经济发展主要举措

（1）实施海洋强省建设行动

浙江省不断加强组织领导，召开海洋强省建设推进会，细化部署年度海洋强省建设目标任务，筹划成立浙江省海洋强省建设工作领导小组，中共浙江省委、省政府主要领导担任组长，建立常态化统筹协调机制。完善规划政策，印发《浙江海洋强省建设“833”行动方案》《浙江省海洋经济高质量发展倍增行动计划》，进一步细化工作抓手，健全考核评价体系，制定海洋强省绩效考评具体指标，每年推进省级部门海洋强省建设绩效评价。

（2）重点提升海洋科创水平

印发《浙江省科技兴海引领行动方案》，加快建设卫星海洋学与海洋环境动力过程等四家国家重点实验室，支持自然资源部第二海洋研究所等争创海洋领域全国重点实验室，挂牌成立东海实验室，支持甬江实验室、浙江大学积极参与涉海大科学装置建设。不断壮大创新主体，强化关键核心技术攻关和战略科技力量培育，攻克超高压柔直海缆等“卡脖子”技术装备。强化海洋科技教育人才支撑，推进浙江海洋大学和浙江大学海洋学院建设，全面提升涉海类人才培养质量。

（3）强抓重大项目招引建设

加强项目谋划，滚动编制年度实施计划，安排涉海基础设施、港航物流服务、现代海洋产业、海洋科技创新和生态保护等300个项目，计划年度投资近2 500亿元。加强项目招引，成立海洋产业项目招引培育工作专班，编制印发《浙江省加快海洋产业项目招引培育工作实施意见》，推进实施“引航行动、盯引行动、筑基行动、育强行动”四大行动。推进项目建设，推进甬舟铁路、头门港支线二期、六横公路大桥、嘉兴海河联运枢纽工程、浙江石油化工有限公司炼化一体项目（二期）、大宗商品储运基地、温州海上风电装备制造产业园、中国船舶重工集团海装风电股份有限公司象山大型海上风电装备等重大项目建设。

（4）金融支持海洋经济高质量发展

出台金融支持海洋经济高质量发展重点任务清单，创新保税油品电子仓单质押、水产品仓单质押、船舶预付款保证保险代替预付款保函等特色金融产品。加快推进航运保险中心建设，支持建设现代海洋制造业产业集群体系，持续优化航运金融产品服务，推进现代航运服务集聚区、海事服务产业园区建设。召开金融支持现代航运业高质量发展推进会，发布十条金融和产业融合支持政策，发布“航运贷”“航运保”等系列金融产品，推动航运金融服务平台迭代升级。

（5）深入践行海洋领域“两山理论”

持续推进污染防治攻坚，开展近岸海域水质四季监测，完成全省4 453个入海排污口的分类调整、监测和溯源工作。推进海洋生态环境保护修复，启动岸滩资源的养护修复，完善推进“湾（滩）长制”试点。实施美丽海洋建设行动，推进海宁海盐、杭州钱塘、宁波前湾、温州168四条生态海岸带示范段和十大海岛公园建设，加快打造滨海品质生活共享新空间。全面开展海洋碳储量和碳汇能力调查评估，印发《浙江省海洋碳汇能力提升指导意见》。

（6）推进海洋重点领域改革

深化油气交易改革，推动上海期货交易所入股浙江国际油气交易中心，实现“期现联动”，合作共建长三角期现一体化交易市场。盘活历史围填海问题处置区域，在沿海地区开展临港低效用海有机更新试点，推行海域使用权审核标准化清单，开展“集中连片论证、分期分块出让”用海改革。

（7）开展舟山海岛保护与开发综合试验

舟山划定领海基点保护范围，采取严格保护措施，并积极开展相关维护、巡查等工作，切实保障领海基点保护范围环境完好。完成岱山县无居民海岛国家试点修测工作，全面启动全市无居民海岛修测工作，实施已批无居民海岛常态化监视监测，对全市无居民海岛开展全面调查，全面掌握无居民海岛开发利用现状，形成无居民海岛历史遗留问题清单，开展生态评估报告和生态修复方案编制，严格管控无居民海岛开发利用，分类处置已有用岛活动，全面加强海岛监管。

第三节　南部海洋经济圈

一、福建省[①]

1. 2022—2023 年海洋经济发展成效

2022 年和 2023 年，福建省海洋生产总值分别为 11 338 亿元和 11 827 亿元，占全省地区生产总值的 21.9% 和 21.6%，名义增速分别为 3.3% 和 4.3%，海洋三次产业比例分别为 7.7 ∶ 36.7 ∶ 55.6 和 7.6 ∶ 36.1 ∶ 56.3。

（1）现代海洋产业体系逐步健全

海上牧场建设取得成效，福清市东瀚海洋牧场获批国家级海洋牧场示范区。2022 年全省水产品总产量达到 861.4 万吨，出口额约 85.5 亿美元，占全国水产品出口额的 37.1%，连续 10 年位居全国第一；2023 年全省水产品总产量 890.2 万吨，位居全国第三，水产加工品总量 404.9 万吨，位居全国第二，水产品人均占有量 212.7 千克，多年位居全国第一。海洋船舶及工程装备产业升级，落地电动船舶示范项目 11 个，船用动力电池等关键核心技术产品占国内市场份额的 40%。建成全球首创 227 米深海采矿船，交付全球最豪华的 2800 客位邮轮型客滚船，7500 车 LNG 双燃料动力汽车滚装船产品获全球深海滚装船最佳环境奖，省内第一条海底电缆生产线成功试产。深海养殖装备取得新突破，全国首创租赁模式的首台（套）深海养殖装备——“闽投 1 号”在连江定海湾海域投产运营，漳州东山、莆田秀屿、宁德霞浦、泉州

① 资料来源：福建省发展和改革委员会、福建省海洋与渔业局。

惠安的4台（套）装备加快建设。厦门海沧生物医药港、诏安金都海洋生物产业园等海洋药物和生物制品产业集聚园区初步建成。海洋能源开发进展顺利，2023年海上风电市场化竞配置275万千瓦规模，全球首台16兆瓦海上风机组并网发电，全球最大的18兆瓦海上风电机组在福建三峡风电产业园下线，全省首个漂浮式光伏电站建成，西洋岛风光储微电网顺利并网。全球首个海上风电无淡化海水直接电解制氢海试成功。全球首个万吨级海水提取氯化钾项目在福建莆田落地，有望缓解我国陆地钾肥资源短缺局面。海洋信息基础设施建设加快，建立了全国首个省级精细化、智能化海洋网格预报业务系统，在全国率先开展渔船插卡式AIS设备研发及试点应用。福建滨海旅游联盟成立，平潭国际旅游岛开发持续推进，2022年省内首条跨城跨岛海上旅游线路“平潭至莆田湄洲岛”首航，2023年平潭国际邮轮中心正式开港。

（2）海洋科技能力持续提升

打造海洋创新平台，福建省智慧海洋联合实验室成立，我国首个海洋领域国家基础科学中心——海洋碳汇与生物地球化学过程基础科学中心启动会在厦门举行，“海洋负排放”国际大科学计划项目落地福建，自然资源部海洋减灾中心的“东南蓝碳监测与评估研究中心”启动建设。加强海洋科技创新攻关，福建省自主研发的“富发1号”大黄鱼新品种获国家新品种认定。加强海洋科技人才培养，建立海洋经济人才智库，出台实施海洋经济领域省级高层次人才认定条件，2022年、2023年共选任海洋经济领域的省级科技特派员400多名。

（3）涉海国际合作不断深化

“丝路海运”建设提速增效，举办第五届“丝路海运”国际合作论坛，截至2023年年底，“丝路海运”联盟成员单位达320家，通达

43 个国家和地区的 131 座港口。新开通 RCEP 航线和首列海铁联运“天天班”，全球最大的集装箱船“地中海伊琳娜”号首航厦门港。“丝路海运”国际航运综合服务平台正式上线运营。中国和印度尼西亚海洋渔业合作取得积极进展，中方园区的元洪作业区远洋渔获上岸点正式通航，印度尼西亚园区海洋渔业中心基地投产。举办 2023 世界航海装备大会，其间全省海洋经济产业合作创新发展大会共签约项目 170 项、总投资超过 2 000 亿元。

（4）重点项目建设进展顺利

筛选 2023 年福建省海洋经济重点项目 377 个、总投资超过 9 000 亿元，其中在建项目 252 个、总投资额超过 6 000 亿元。2023 年 1—10 月，252 个海洋经济在建重点项目累计完成投资 999.2 亿元，占年度投资计划的 98.4%。

2. 推动海洋经济发展主要举措

（1）强化海洋强省顶层设计

成立由省长任组长的福建省海洋经济高质量发展领导小组，扎实推进重点项目建设，每年确定一批全省海洋经济重点项目，建立重点项目跟踪落实机制和项目进展月报机制，促进项目早开工、早建设。出台《福建省海洋经济促进条例》，以法治力量保障高水平“海上福建”建设。持续推进福州、厦门海洋经济发展示范区建设。

（2）推进海洋领域绿色低碳发展

强化陆海协同治理，实施重点海湾水质提升工程，2022 年推动谋划 74 个污染治理和生态修复项目，开展全省 6 581 个入海排污口分类治理，实现水质跟踪全覆盖。筼筜湖综合治理成为国际海洋生态环境治理样本（见图 3-8）。强化海漂垃圾治理，建立完善 25 支海上环卫队伍，实现海漂垃圾清理队伍全覆盖、保洁常态化。2023 年近岸海域水质优良面积比例为 88.7%。推动互花米草系统治理，印发《互花米草治理工作方案》。推动蓝碳增汇工程，福州市连江县完成全国首宗 15 000 吨海水养殖渔业海洋碳汇交易项目，颁发全国首张蓝色碳票，莆田市秀屿区依托海峡资源环境交易中心完成全国首例 10 840 吨双壳贝类海洋渔业碳汇交易，为生态产品价值实现探索了新的路径，漳州市完成全国首个设区市级海水养殖碳汇核算工作。

图 3-8　整治后的厦门筼筜湖成为人与自然和谐共生的典范

（3）深化涉海国际合作

在省级层面，印发实施《中印尼“两国双园”产业合作规划》，提出打造海洋渔业等五条跨国产业链，加快推进苏里南渔业园区、圭亚那渔业园区、几内亚比绍产业园区等项目建设。推动“福建省－印尼海洋食品联合研发中心”科技合作交流，组织涉海洋科技领域的科技援外培训，支持开展“福建省水库型水源地产毒拉氏尖头藻的分布与扩散”等一批海洋科技领域的省级科技计划对外合作项目。持续扩大多行业共生的综合性港航贸一体化发展生态圈影响力，成功举办四届

"丝路海运"国际合作论坛。

（4）加强海洋经济统计监测

首次从立法层面明确了省、市、县三级政府开展海洋经济统计监测和评估工作，建立了海洋经济促进工作报告制度。统筹省、市级海洋生产总值统一核算工作，确保省、市级海洋生产总值"横向可比，纵向可加"。编写《福建省海洋经济发展指数2023》《福建省海洋经济发展报告2023》《2022年福建省渔业统计年鉴》。

（5）开展平潭海岛保护与开发综合试验

平潭加强国际合作交流，助推平潭国际旅游岛建设。平潭联合自然资源部海岛研究中心成功举办中国－太平洋岛国海洋防灾减灾合作研讨会，所罗门群岛部长、巴布亚新几内亚代表，瓦努阿图驻华大使、联合国秘书长海洋事务特使、太平洋岛国发展论坛代表出席并致辞，正式启用中国－太平洋岛国防灾减灾合作中心海洋防灾减灾合作分中心；主办配套活动2023国际海岛论坛，国内外13名专家围绕"应对气候变化""海洋防灾减灾""蓝色经济发展""全球海洋治理"做专题报告。

二、广东省①

1. 2022—2023年海洋经济发展成效

2022年和2023年，广东省海洋生产总值分别为18 029亿元和19 004亿元，占全省地区生产总值的13.9%和13.8%，名义增速均为5.4%，海洋三次产业比例分别为3.4∶31.7∶65.0和3.5∶31.4∶65.1。

① 资料来源：广东省发展和改革委员会、广东省自然资源厅。

（1）保障能源、食品安全的海洋产业稳步发展

统筹海上风电资源竞争性配置，国内首个海上油田群储能电站——涠洲电网储能电站全容量成功并网，2023 年全省新增海上风电装机容量超过 200 万千瓦，累计建成投产装机容量超过 1 000 万千瓦，居全国第二位。积极推动海上风电与海洋牧场融合发展，量身制定支持现代化海洋牧场高质量发展的 10 条用海措施，大力推进深远海养殖和现代化海洋牧场建设，全力推进 3 个国家级渔港经济区建设，2023 年现代化海洋牧场开工项目达 40 个、总投资 120 亿元，新建成重力式深水网箱 529 个，桁架式网箱 3 个，形成“蓝色能源 + 海上粮仓”的高效组合。海上油田不断向智能化、无人化、绿色化发展，由亚洲最大的海上石油生产平台恩平 15-1、珠江口盆地首个新建无人平台恩平 10-2、国内首套海上二氧化碳封存装置等构成的恩平 15-1 油田群正式投产。重量级大项目助力世界级绿色石化产业集群加速崛起，投资约 700 亿元的揭阳中国石油天然气集团有限公司炼化一体化项目全面投产。

（2）海洋优势产业提质增效

海洋船舶工业和海洋工程装备制造业加速向高端化、智能化、绿色化发展，全球首艘苏伊士型 LNG 双燃料动力油船“GREENWAY”号、国内首艘甲醇双燃料 5 万吨级化学品 / 成品油船等重点产品交付，全球首艘智能型无人系统科考母船“珠海云”号正式交付使用。海陆双向国际物流通道更加完善，资源要素配置功能持续提升，“大湾区组合港”线路实现湾区内地 9 市全覆盖，并延伸至粤西地区。2023 年，全省开行国际货运班列 1 258 列，同比增长约 30%。滨海旅游带建设势头良好，广东滨海（海岛）旅游联盟成立，带动 14 个沿海地市协同发

展滨海旅游、跨海岛旅游。

（3）海洋新兴产业和前沿产业加速发展

涉海信贷服务水平得到大力提升，2023 年，成功发行全球首笔蓝色浮息美元债券，4 亿美元规模债券用于支持可持续水资源管理和海上风力发电项目；创新推出“海洋牧场贷”“水产致富贷”“养蚝贷”“深海养殖贷”等多项信贷产品。优化涉海政策性险种，创新保险产品设计，探索开展省、市现代化海洋牧场政策性保险。开发商业性新险种，拓展现代化海洋牧场产业链保险服务，发展海产品价格、天气气象指数保险。推行现代化海洋牧场保单质押、信用保证保险，提高中小微经营主体信用等级，发挥保险融资促进作用。积极发展航运交易服务，启动建设大湾区航运联合交易中心。广州航运交易所 2023 年交易船舶 755 艘，交易额 20.4 亿元，船舶交易量呈现稳步增长态势。截至 2023 年年底，航运保险要素交易平台已进驻保险机构 3 家，完成线上交易保险 4 861 单，累计实现保费约 1.6 亿元，风险保障金额约 475.1 亿元。

（4）海洋科技创新平台建设提速

广州、珠海、湛江三地加快共建南方海洋科学与工程广东省实验室，其中广州实验室成功入选国家实验室体系。建设完成我国最大的海洋综合科考实习船“中山大学”号、造岛神器“天鲸号”；天然气水合物勘查开发国家工程研究中心成为我国首个深海资源领域的国家工程研究中心；国内首座深水科考专用码头以及大洋科考样品和岩芯库正式启用。

（5）海洋科技创新成果丰硕

2023 年全省在海洋渔业、海洋可再生能源、海洋油气及矿产、海洋药物等领域公开专利 16 141 项，海洋领域获评 2022 年度自然资源科学技术奖特等奖 1 项、一等奖 2 项、二等奖 5 项。关键技术及应用取得新进展，2022 年，自主培育的凡纳滨对虾“海茂 1 号”“海兴农 3 号”水产新品种打破国外种源垄断；高体鰤人工育苗技术取得重大突破，解决了长期以来高体鰤养殖依赖野生苗的问题；我国自主设计建造的亚洲第一深水导管架“海基一号”正式投产；全球最大的抗台风半直驱 12 兆瓦海上风电机组正式下线；自主研发的国产地波雷达突破了异型雷达组网关键技术、实现了海洋监测组网技术自主可控。2023 年，世界首台兆瓦级漂浮式波浪能发电装置下水调试，攻克了波浪能高效俘获及转换、抗台风自保护等多项关键核心技术；全球单机容量最大、风轮直径最大的海上风电机组在汕尾成功下线；自主研发制造的全球首台“导管架风机 + 网箱”风渔融合一体化装备在阳江海域顺利安装；全球首条 500 千伏海缆一次性通过耐压试验，海上风电装备研发制造再上新台阶；全球首个海洋领域数字孪生专用引擎 DTO Engine 正式发布，支持各类海洋数字孪生应用快速开发；国内最大功率的 50 千瓦海洋温差能发电系统成功发电，标志着我国海洋温差能研究逐步从理论试验迈向工业化阶段。

（6）海洋生态保护修复持续推进

2023 年，汕头市、潮州市获得中央资金 6 亿元用于海洋生态修复项目，统筹安排 4 440 万元省级资金支持地市实施海洋生态保护修复。海岸线生态修复、魅力沙滩打造、滨海湿地修复、海堤生态化及美丽海湾建设“五大工程”建设取得明显成效，截至 2023 年年底，累计整治修复海岸线超过 100 千米，修复沙滩约 22 千米，完成海堤生态化约 37 千米。珠海三角岛等 7 个海岛入选国家级“和美海岛”（见图 3–9）。

高标准推进深圳“国际红树林中心”建设，加快推进江门台山镇海湾、湛江雷州沿岸、湛江徐闻东北海域、惠州惠东考洲洋 4 个万亩级红树林示范区创建，惠东考洲洋万亩级红树林示范区初步建成。自《红树林保护修复专项行动计划（2020—2025 年）》实施以来，截至 2023 年年底，全省累计营造红树林约 2 278 公顷、修复红树林约 2 094 公顷。

图 3-9　珠海三角岛入选国家级“和美海岛”

（7）近岸海域污染治理成效显著

全面启动海水养殖污染治理，大力推进珠江口邻近海域综合治理，近岸海域水质优良面积比例连续四年保持在 90% 左右。截至 2023 年年底，全省各级涉海自然保护地共计 124 个，保护面积 39 万公顷，其中，自然保护区 65 个（国家级 7 个，省级 8 个，市县级 50 个），海洋特别保护区 7 个（国家级 6 个，县级 1 个），地质公园

1个，风景名胜区3个，森林公园22个，湿地公园26个。

（8）对外开放全面持续深化

蓝色伙伴关系持续深化，2023年广东对共建“一带一路”国家进出口3万亿元，占进出口总值的36.6%。举办2023年粤港澳海洋合作发展院士论坛、2023世界粤商大会。举办2023中国海洋经济博览会，吸引了16个国家和地区的658家海洋领域重点企业、机构和组织报名线下参展，数量同比增长超过60%，数量创历届新高，其中境外展商超过100家。粤港澳合作更加紧密，大鹏湾水域深港进出船舶实现“一次引航”；广州琶洲港澳客运码头投入运营，开辟跨境水上新通道；澳门轻轨延伸横琴线项目海底隧道顺利贯通；国际数据传输枢纽大湾区南沙节点建成投产。综合立体交通体系逐渐形成，广州、深圳国际综合交通枢纽功能巩固提升，深中通道主线贯通，深江高铁、狮子洋通道建设有序推进，南沙港区四期投入运营。

2. 推动海洋经济发展主要举措

（1）强化海洋强省顶层设计

中共广东省委十三届三次全会将“全面推进海洋强省建设，在打造海上新广东上取得新突破”作为全省“十大新突破”之一。中共广东省委十三届第75次常委会会议、省委书记专题会议专门听取海洋强省建设情况汇报并作强调部署。出台全面建设海洋强省三年行动方案，开展“拓展海上发展空间，打造海上新广东”“深化海洋强省建设体制机制改革”等专题调研，明确海洋强省建设的“广东路径”。出台了支持全面建设海洋强省意见，提出八大方面的26项具体支持措施。广东省人大常委会将促进海洋经济高质量发展条例列入2024年立法工作，广东省政协成立全国首个省级关注海洋活动组织委员会。持续指导推进深圳、湛江海洋经济发展示范区建设。指导广州、深圳、珠海等沿海地市出台海洋经济发展、海洋强市建设等政策文件，不断完善海洋强省建设政策体系。

（2）大力支持关键技术突破

实施省级促进经济高质量发展项目中的海洋六大产业专项和广东省重点领域研发计划——“海洋高端装备制造及资源保护与利用”专项。2023 年省级促进海洋经济高质量发展（海洋经济发展）专项资金投入近 2.3 亿元，支持海洋电子信息、海洋工程装备、海上风电、海洋生物、天然气水合物、海洋公共服务等新兴前沿产业共 38 个项目创新开展，形成一批国内领先、国际先进的国产化技术和装备。2023 年，全省在海洋渔业、海洋可再生能源、海洋油气及矿产等领域公开专利 16 141 项，为加快形成新质生产力注入澎湃动能。

（3）高位统筹海洋生态保护

绘好海洋空间规划“一张图”，《广东省国土空间规划（2021—2035 年）》谋划“六湾区一半岛五岛群”的海洋空间格局，推动形成陆海一体、协同有序、绿色活力的海洋空间。印发实施《广东省国土空间生态修复规划（2021—2035 年）》，构筑“三屏五江多廊道”生态安全格局。印发《广东省碳达峰实施方案》，提出巩固提升湿地碳汇能力、大力发掘海洋碳汇潜力等重点任务。印发《中共广东省委关于深入推进绿美广东生态建设的决定》，形成了广东生态文明建设的总体部署和行动方案。印发《广东省沿海地级以上市人民政府大陆自然岸线保有率管控责任目标考核办法（试行）》，出台《海岸线保护整治修复实施方案（2023—2025 年）》，统筹推进岸线保护和综合整治修复。出台《广东省洗砂管理办法》，明确禁止在出海水道与河道水域从事洗砂等破坏生态和污染环境的活动。

（4）加强海域海岛精细化管理

严格大陆自然岸线保有率管控责任目标考核，出台实施海岸建筑退缩线制度，不断完善海岸线占补实施政策，开展海岸线占补分类试点，印发《海岸线占补指标交易办法（试行）》。出台海域使用立体分层设权政策，促进海域资源节约集约利用。出台现代化海洋牧场海域使用金减免优惠政策，持续开展海砂、养殖用海市场化出让，在全国率先开展海砂开采海域使用权和采矿权“两权合一”市场化出让试点，加快推进无居民海岛市场化出让试点工作。加大用海政策创新，推行海洋产业园模式，提供“标准海”供应，优化审批程序，让用海主体能够“拿海即开工”。率先启动省级近海海底基础数据调查。不断提升海洋预警监测及防灾减灾能力，建立海岸侵蚀、海水入侵、咸潮的立体监测体系，2023 年成功应对“苏拉”“海葵”等强台风影响。

（5）开展珠海海岛保护与开发综合试验

珠海运用特区立法权健全完善海岛保护利用制度，积极创新海岛保护与开发管理新模式。制定《珠海经济特区海域海岛保护条例》《珠海经济特区无居民海岛开发利用管理规定》，珠海市成为广东省首个出台全面规范海域海岛管理、保护海域海岛生态环境、发展海洋经济的综合性、统领性地方性法规的地级市。印发实施《珠海市海岛保护与利用规划》，加强海岛生态安全、权益安全保障，提升海岛对珠海市海洋经济的贡献水平。截至 2023 年年底，珠海市有 5 个无居民海岛进行了确权，其中 3 个海岛是原生利用或轻度利用。东澳岛、外伶仃岛、桂山岛、三角岛 4 个海岛获得“和美海岛”称号。重点开发三角岛公共服务用岛及旅游用岛项目，总投资约 22 亿元，已完成海洋海岛监测中心、海水淡化厂、污水垃圾处理厂、消防中心等项目。三角岛已于2023年5月1日正式对外开放。重点推进牛头岛开发利用项目，牛头岛的海岛功能定位为交通与工业用岛，与桂山岛通过连岛大堤直接相连，是广东省首个通过市场化出让确权、主导功能为工业仓储的无居民海岛。

三、广西壮族自治区[①]

1. 2022—2023年海洋经济发展成效

2022年和2023年，广西壮族自治区海洋生产总值分别为2 294亿元和2 440亿元，占全区地区生产总值的8.8%和8.9%，名义增速分别为2.9%和6.4%，海洋三次产业比例分别为10.5∶30.3∶59.2和9.9∶29.8∶60.2。

（1）现代海洋产业体系加快建设

海洋传统产业加快转型升级。海洋渔业保持平稳增长，2022年广西海洋水产品产量为215.2万吨，同比增长3.2%；2023年海洋水产品产量为220.8万吨，同比增长3.5%。海洋交通运输业保持较快增长，2022年北部湾港集装箱吞吐量和货物吞吐量在全国沿海港口中分别排第9位和第10位，集装箱吞吐量达702.1万标准箱，同比增长16.8%，在全国前十位的沿海港口中增速最快。2023年，北部湾港完成货物吞吐量4.4亿吨，同比增长18.5%；完成集装箱吞吐量802.2万标准箱，同比增长14.3%，全港货物吞吐量和集装箱吞吐量均稳居全国

① 资料来源：广西壮族自治区发展和改革委员会、广西壮族自治区海洋局。

主要港口前十位。新兴产业加快发展，广西首个海上风电示范项目——防城港海上风电示范项目首批机组成功并网发电。钦州形成了广西首个海上风电全产业链装备基地，生产的广西首批智能风机叶片出海发运。防城港明阳新能源装备主机厂投产，风机长叶片生产基地启动建设。海上风电导管架生产实现“零”的突破，广西首台大兆瓦智能风机产品下线，新能源产业项目落户钦州。首艘“钦州造”万吨级船舶出口欧洲。

（2）海洋科技创新能力提升

自然资源部热带海洋生态系统与生物资源重点实验室、中国－东盟卫星遥感应用中心（海洋遥感中心）成立。2023 年，新认定 2 家海洋领域省级重点实验室、1 家新型研发机构、1 家科技创新合作基地、1 家“星创天地”平台。认定海洋科普和意识教育基地 9 家，全区累计批准建立广西海洋科普和意识教育基地 28 个。加快海洋领域高层次人才培养，支持南宁师范大学地理学专业、桂林理工大学测绘科学与技术专业及北部湾大学海洋科学专业开展学科交叉共建试点，支持北部湾大学立项建设新增博士学位授予单位，并立项建设海洋科学、船舶与海洋工程 2 个新增博士学位授权点。

（3）内外畅通的向海发展格局加快构建

广西首趟“越南同奈—中国广西—中国云南”氧化铝铁水联运班列开出、“钦州—南沙”内外贸同船运输线路开通、“贵港—北部湾港”“贺州—湛江—宁波”铁海联运班列首发。试行全国首个陆路启运港退税试点政策。建成全国首个海铁联运自动化集装箱码头，30 万吨级原油码头正式投入使用。有力推进北部湾港提效降费，港口作业效率稳步提升，散杂货船舶装卸货能力大幅提升，集装箱装卸船的理箱服务费由 16 元 / 标准箱降低至 9.5 元 / 标准箱。截至 2023 年年底，北部湾港开通内外贸集装箱航线 76 条，其中外贸集装箱航线 48 条（东盟及 RCEP 航线共 36 条，远洋航线 6 条），内贸集装箱航线 28 条，通过北部湾港现有航线网络可通达全球集装箱港口，辐射范围涵盖 100 多个国家和地区的 200 多个港口，西部陆海新通道海铁联运班列“一口价”线路增至 157 条，2023 年新开通“贵港—北部湾港”“融安—北部湾港”“北部湾港—玉林”“北部湾港—东兴”等海铁联运新线路（图 3−10），服务站点较 2022 年增加 31 个，物流网络已覆盖 18 个省（自治区、直辖市）、70 个地级市、144 个站点，西部 12 个省（自治区、直辖市）全覆盖。

图 3−10 西部陆海新通道（广西北部湾港—西藏）海铁联运测试班列首发

（4）海洋生态环境保护深入推进

开展年度海洋生态预警监测，监测范围涵盖红树林、珊瑚礁、海草床、盐沼、河口等典型海洋生态系统，2023 年广西监测站位达到

286个，上报监测数据4.1万条，形成《广西海洋生态蓝皮书》等管理决策服务产品。持续推进海洋生态保护修复工作，2023年全区完成海洋生态修复总面积1 116.3公顷，整治和修复岸线长度18.4千米，营造和修复红树林面积654.2公顷，修复珊瑚礁面积30公顷。2023年近岸海域水质优良面积比例为94.5%，与上年持平。防城港市西湾红沙环海堤生态化建设案例成功入选全球八大海岸带生态减灾协同增效国际案例，北海涠洲岛入选全国首批“和美海岛”，北海市“蓝色海湾”整治行动项目获评自然资源部国土空间生态修复典型案例，钦州市“蓝色海湾”整治行动项目入选广西第二批生态产品价值实现典型案例。印发《广西红树林碳汇调查评估和碳交易试点工作实施方案》，搭建广西（中国－东盟）蓝碳交易服务平台，挂牌完成广西首宗“蓝碳”（海洋碳汇）交易，交易转让碳汇量500吨，其中向东盟博览会第一届中国－东盟国家蓝色经济论坛捐赠140吨。

（5）海域资源节约集约利用效率提升

优化海域使用审批程序，2022—2023年，全区审批（出让）用海用岛项目188个，涉及海域面积约1.8万公顷，征收（免缴）海域使用金近7.3亿元。出台《关于开展海域使用权立体分层设权工作的意见》，鼓励立体化开发利用海域空间。围填海历史遗留问题处置取得重要进展，截至2023年年底，共有效处置围填海历史遗留问题面积约1 658.4公顷，处置率为55.3%。

2. 推动海洋经济发展主要举措

（1）加强海洋经济发展顶层设计

出台《广西大力发展向海经济建设海洋强区三年行动计划（2023—2025年）》，印发重点任务分工方案，持续深入实施向海产业壮大、向海通道建设、海洋科技创新、向海开放合作、海企入桂招商、美丽海湾建设六大行动。充分发挥重大项目的引领作用，编制《广西大力发展向海经济建设海洋强区三年行动计划（2023—2025 年）》重大项目任务表，加快推进 109 个重大项目，总投资达 1 万亿元。

（2）优化区域海洋经济布局

积极推动全区陆海联动发展，南宁市规划建设东部新城，培育临港优势产业集群。北海市以海洋经济发展示范区为依托，发展向海经济。钦州市积极融入平陆运河经济带建设，通过江海联动，打造向海经济集聚区。防城港市发挥大港、沿边、沿海优势，建设现代化临港工业城市。玉林市借助铁山港东岸码头打通向海之路，借力发展临港大工业。崇左重点推动产业边海联动、山海协作，建设面向东盟开放合作的现代化城市。

（3）推进海洋科技创新项目和平台建设

发布《“十四五”广西科技计划项目申报指南（第三版）》，重点支持开展绿色海洋工程和船舶新材料、海上风电装备等重大技术研发。2023 年组织实施向海经济领域广西科技计划项目 54 项，资助经费近 5 296.3 万元。实施现代特色农业“尖峰”专项行动，设置“南美白对虾高产抗病（逆）新品种创制及设施化生态养殖研发示范”方向，有力地推动广西海洋渔业高质量发展。围绕“海洋生态保护和修复技术利用”“海洋资源产品开发与利用”“船舶与海洋工程装备研发”等研究方向，组织申报产业链供应链“卡脖子”关键技术攻关工程项目。重点支持广西大学的海洋科学和北部湾大学的海洋科学、航海技术、船舶与海洋工程 4 个自治区级一流本科专业建设点建设。广西特钢新材料重点实验室和广西向海经济智能系统分析与决策重点实验室被认定为自治区海洋领域重点实验室。

（4）金融业支持海洋经济发展

北海市金融业支持推动开设全区首个海洋实验室，于2023年12月29日正式建成揭牌。防城港市金融业采用“企业+银行+保险”模式，推动全国首笔“金鲳鱼气象指数保险”海水养殖贷、广西首单蓝色碳汇保险及蓝色碳汇保单质押贷款等创新产品落地。

四、海南省①

1. 2022—2023年海洋经济发展成效

2022年和2023年，海南省海洋生产总值分别为2 009亿元和2 451亿元，占全省地区生产总值的29.2%和32.3%，名义增速分别为−0.4%和22.0%，海洋三次产业比例分别为16.0：12.9：71.1和14.7：14.0：71.3。

（1）海洋传统产业实现增长

2022年，海南省贯彻落实“往岸上走、往深海走、往休闲渔业走”战略部署要求，扎实推动渔业转型升级，加快促进渔业高质量发展取得新成效。2022年全省水产品累计总产量170.3万吨，同比上涨3.8%。其中，海洋捕捞产量101.8万吨，同比上涨1.7%；因推进禁养区清退工作，海水养殖产量26.3万吨，同比下降3.8%。2023年，海南省大力推动渔业园区建设，文昌冯家湾现代渔业产业园签约项目22个，在建项目11个，投产项目4个。大力推进渔港和渔港经济区建设，三亚

① 资料来源：海南省发展和改革委员会、海南省海洋厅。

渔港经济区获批国家级沿海渔港经济区。截至 2023 年年末，文昌铺前、万宁乌场、乐东莺歌海三大渔港累计完成投资 12.2 亿元。大力发展深远海养殖，2023 年全省新建成大型桁架类养殖网箱 1 个、重力式深水网箱 103 个。海洋油气业取得新进展，陵水 25-1 气田项目进入快速建设阶段，依托澄迈油气勘探生产服务基地建设，引进 17 个项目落户油服基地，2022 年实现营收 74.6 亿元；建成油服 1 号深水设备装配公共服务平台，揭牌成立省级深海深层能源工程重点实验室。

（2）海洋新兴产业稳步发展

海洋药物和生物制品业加快发展，实施《海南省推动生物医药产业高质量发展行动方案（2022—2025 年）》，开展拥有自主知识产权的海洋创新药物研究，积极推动海洋药物研发生产基地项目落地实施，7 个医药企业及高校海洋生物医药项目在研，其中一类新药项目 1 个，一类新药的原料药项目 1 个。海上风电项目加速落地，截至 2022 年年底，全省确定 7 个海上风电示范、试验项目，3 个装备制造项目，计划投资约 1 200 亿元。2023 年，6 个风电项目开展前期工作，总规模 650 万千瓦，总投资 820 亿元。按照“风电 + 风机 + 应用”思路，先后引入上海、广东风电上下游企业入驻洋浦经济开发区和东方市，3 个重点风电装备制造项目开工。

（3）海洋服务产业逐步恢复

海洋旅游业逐步恢复。截至 2023 年年底，西沙游轮航线累计运营 161 个航次，累计运送旅客 5.9 万人；已建成并运营 13 个游艇码头，2 329 个泊位；全省辖区注册游艇有效保有量为 1 534 艘，位居全国前列。洋浦港国际海运贸易业务快速增长，截至 2023 年年底，洋浦港开通集装箱班轮航线 45 条，比 2018 年新增 35 条，其中 3 条为远洋航线，通达太平洋、印度洋和大西洋，形成“兼备内外贸、通达近远洋”的航线新格局。2023 年，洋浦港经钦州港衔接内陆的西部陆海新通道海铁联运体系基本构建，入选 2023 年港口型国家物流枢纽名单，入籍中国洋浦港的国际船舶达 46 艘，总载重吨达 531 万吨。大力抢占数字经济新赛道，全球首个商用海底数据中心数据舱在陵水下水并稳定运行，完成首批 10 个舱体的建造任务；国际海缆登陆站电信区域项目主体结构封顶，算力网络、数据跨境基础设施初具雏形。

（4）海洋科技创新能力持续提升

海南省深海技术创新中心、三亚海洋实验室成立。“深海勇士”号 4 500 米载人潜水器、“奋斗者”号全海深载人潜水器、大型深海超高压模拟试验装置等海洋科技重大装备落户海南，国家海洋综合试验场（深海）、深海空间站、海洋立体观测网等重大项目稳步推进。引进中国海洋大学、上海交通大学和中国科学院深海科学与工程研究所等高校和科研院所，三亚崖州湾科技城持续发掘资源优势、不断增强创新引力（图 3-11），已聚集涉深海科技企业 1 000 多家。

图 3-11　三亚崖州湾科技城不断增强创新引力

2. 推动海洋经济发展主要举措

统筹规划海洋经济发展。中共海南省委、省政府围绕“再造一个海上海南”的目标，推动编制高质量发展海洋经济三年行动方案相关工作，建立海洋经济发展重点任务清单和项目清单，强化海洋经济的统筹协调，持续推进陵水海洋经济发展示范区建设。

第四章

海洋经济重要增长极建设情况[①]

① 资料来源：沿海省（自治区、直辖市）发展改革部门、自然资源（海洋）行政管理部门。

第一节　现代海洋城市

围绕《“十四五”海洋经济发展规划》关于建设一批各具特色的现代海洋城市的任务安排，各现代海洋城市立足各自比较优势，积极探索以海洋经济促进城市核心竞争力提升的路径，大连等 11 个现代海洋城市的建设取得阶段性进展。

一、大连市

“十四五”以来，辽宁省大连市依托区位优势和资源禀赋，高质量发展现代海洋产业，建设海洋科技创新高地，全面提升海洋综合治理能力，在辽宁沿海经济带发展中起到了重要的作用。中共大连市委、市政府在“十四五”期间陆续出台了《大连市加快建设海洋中心城市的指导意见》《大连市海洋经济发展“十四五”规划》《大连海洋强市建设三年行动方案（2022—2024 年）》等。大连市设立中共大连市委海洋发展委员会，组建大连市海洋发展局，每年出台全市海洋发展工作要点并建立调度机制，组建大连海洋领域项目库。辽宁自贸试验区大连片区打造国内首条东亚至中亚商品车陆海联运新通道，开辟“日本—大连—中亚”商品车过境运输模式。“大宗商品仓单登记中心”正式上线，已有 630 余家仓库、900 余家产业链企业登录使用，提高了流通效率。建设旅顺港航物流和滨海旅游综合发展区，全面推广“单一窗口”应用，运用“提前申报”“两步申报”等通关改革措施，实现货物秒级通关，推动首条辽鲁直航“长岛—旅顺”海岛游航线开通运营。打造长山群岛现代渔业发展区，积极推广海参生态育苗，培育稚参 200

亿头，可满足长海县底播海参 80% 的苗种需求。打造皮口 – 杏树渔业加工协作发展区，创建皱纹盘鲍省级水产良种场，建设完成大连市蚂蚁岛海域国家级海洋牧场示范区和大连鹏兴市级海洋牧场示范区。打造金石滩滨海旅游休闲度假特色发展区，开通并运营金石滩至獐子岛旅游航线，举办大连国际沙滩文化节、第二届大连金石滩国际婚庆节、首届自贡灯会、鲁能美丽汇鲸屿市集、金石万巷国风节、大连国际徒步大会等活动。

二、秦皇岛市

“十四五”以来，河北省秦皇岛市加快港口转型升级，做大做强临港产业，特色化发展海洋经济，全市有涉海企业 3 000 余家，占全省的 34.5%，现代海洋城市逐步实现高质量发展。秦皇岛市推动海洋产业发展，加快发展海洋旅游、海洋体育赛事等，有序推进国际一流旅游港和综合贸易港建设，统筹港口功能布局，推动内陆“无水港”建设。品牌创建持续强化，昌黎县获批省级全域旅游示范区，海港区房庄村入选全国乡村旅游重点村，北戴河区海滨镇、戴河镇和崔各庄村入选河北省第四批省级乡村旅游重点村镇名单，鸽子窝公园、秦皇岛野生动物园获评全省智慧景区示范点。海上运动新业态不断涌现，相继承办全国帆船锦标赛、全国帆板锦标赛、2022 秦皇岛国际帆船赛、秦皇岛帆船季等 40 余项国家、省、市级赛事及活动。中国帆船帆板运动协会北方总部基地落户秦皇岛。

统筹港口功能布局，西港区实现邮轮、游船临时靠泊，建成的 58 个游艇帆船泊位正常运营。陆海统筹推动内陆“无水港”建设，累计建成内陆港及集装箱场站12个，成功运行全省首列外贸多式联运班列“秦保快线”，新开通“秦皇岛—烟台—泉州”“秦皇岛—华南”直航航线，开创省内首个外贸多式联运“铁路箱下水”业务，开通“石家庄国际陆港—秦皇岛港—韩国仁川”多式联运线路，秦皇岛港获批国家第四批多式联运示范工程。2022年，秦皇岛港完成货物吞吐量1.9亿吨，集装箱吞吐量63万标准箱，省际水路货物运输周转量71亿吨千米；2023年完成货物吞吐量1.9亿吨，集装箱吞吐量54.5万标准箱，省际水路货物运输周转量139.2亿吨千米。

三、天津市

“十四五”以来，天津市严格落实国家关于海洋经济发展的部署要求，明确提出举全市之力推动海洋经济高质量发展，服务京津冀协同发展和“一带一路”建设，为建设社会主义现代化大都市奠定基础。天津市成立由天津市领导任组长的全市海洋经济发展领导小组，有力地强化了各涉海部门间的沟通与合作。建立“十四五”海洋经济项目库，动态跟踪项目进展，做好推动服务。天津市积极打造海水淡化全国研发和示范高地，推动建设北方航运枢纽和综合性海洋文化交流平台。出台全国首个海水淡化与综合利用方面的地方性法规——《天津市海水淡化与综合利用若干规定》，积极消纳海水淡化产能，发挥天津海水淡化产业（人才）联盟作用，拓展海水淡化水应用客户，南港工业区15万吨海水淡化示范工程完成主体建设并具备供水条件。临港海水淡化基地建成运行，并出版首项国际标准《海洋技术－反渗透海水淡化产品水水质－市政供水指南》。推动天津港世界一流智慧港口、绿色港口建设，打造全物联网码头、零碳码头，北疆港区C段智能化集装箱码头正式投入运营，关港智慧平台上线运行，口岸通关效率显著提高。航运高端要素吸引力增强，成立天津市多式联运行业协会，以小白楼、远洋大厦、泰达大厦为核心区的航运服务集聚区初步形成，汇集了超过700家航运服务企业。串联沿海绿色生态空间，设计打造海洋精品旅游线路，推动航空母舰主题公园、海洋博物馆等涉海旅游项目丰富产品、提升品质，航空母舰主题公园获批全国科普教育基地。制作大型海洋人文纪录片《津·海岸》并在天津卫视文艺频道展播，引起社会广泛反响。

四、青岛市

“十四五”以来，山东省青岛市围绕“活力海洋之都、精彩宜人之城”的城市发展愿景，在产业培育、项目招引、科技赋能等方面持续发力，全力提升现代海洋城市建设的首位度、引领力和示范性。青岛市定期召开海洋发展委员会全体会议和专题会议，研究审议事关全市海洋发展的重大事项；将海洋发展工作成效纳入全市及各区市综合考核，树立起关心海洋、重视海洋工作的鲜明导向。出台《青岛市打造引领型现代海洋城市五年规划（2022—2026年）》《青岛市打造引领型现代海洋城市三年行动方案（2022—2024年）》《青岛市支持海洋经济高质量发展15条政策》等系列政策文件，对引领型现代海洋城市建设目标任务、实施路径等进行全面部署。加快高能级海洋创新平台建设，打造海洋药物和生物制品研发生产基地，一流港口建设加速提质。获批海洋种业、海洋食品领域全国重点实验室2家，智慧海洋牧场、深海矿产领域省级重点实验室 2 家，拥有海洋领域国家及省市级重点实验室达 74 家。中国科学院海洋大科学中心正式运营。崂山实验室挂牌组建。国家深海基因库、国家深海标本样品馆、国家深海大数据中心等“国家深海三大平台”纳入国家“十四五”规划重大工程项目清单。青岛市人民政府联合清华大学和中国海洋发展研究会组建中国海洋工程研究院（青岛），推动重点涉海科技项目加快产业化。全国首个标准浅海试验场开工建设。2023 年全市完成涉海技术合同成交额 69.4 亿元，同比增长 70%。建成全球最大的海洋基因库、海藻加工基地和国内唯一的国家级海洋药物中试基地，以极地海藻为原料的免疫抗肿瘤海洋一类新药“注射用 BG136”成为国际首个进入临床试验的抗肿瘤海洋药物。港口枢纽能级跃升，2023 年青岛港吞吐量位居全球第 4 位，新增海上航线 20 条，在新华·波罗的海国际航运中心发展指数（2022）中排名第 15 位。现代港航服务业快速发展，航运服务能力增强。出台《青岛市支持航运保险业务发展政策措施》，设立青岛国际能源交易中心。青岛国际邮轮母港具备接待世界最大型邮轮的能力，已累计开通至日本、韩国、俄罗斯等国家的母港航线 38 条。港口投融资功能进一步优化，推出“山港易付”“山港易融”“港云仓”等业务。

五、连云港市

“十四五”以来，江苏省连云港市发挥沿海独特优势，坚持港产城融合发展，协同推进产业发展、城镇布局和生态建设，加快海洋强市的现代化跨越，着力打造现代海洋城市。成立连云港市海洋经济高质量发展领导小组，下设海洋装备制造、海洋新能源、海洋渔业等 7 个工作组，全力推进新兴产业培育和传统产业转型升级，组织推动全市“十四五”海洋经济发展规划顺利实施。出台《连云港市加快推进海洋经济高质量发展实施意见》《连云港市海洋经济高质量发展三年行动方案（2023—2025 年）》《连云港市支持海洋经济高质量发展政策》等政策文件，推动海洋经济高质量发展。连云港市积极推动港口航运、海洋旅游、现代渔业等行业发展。连云港港被列为全国 11 个“国际枢纽海港”之一、“十四五”首批港口型国家物流枢纽，建成全省首个可以靠泊 40 万吨船舶的码头，跻身世界级深水大港行列。连云港港拥有万吨级以上泊位 88 个，年通过能力 2.4 亿吨，2022 年连云港港货物吞吐量同比增长 8.3%，新开至符拉迪沃斯托克（海参崴）等航线 10 条，2023 年货物吞吐量、集装箱吞吐量分别为 3.2 亿吨、613.7 万标准箱。高标准创成国家森林城市，赣榆琴岛天籁、白鹭湿地公园建成投用，黄窝村等滨海传统村落建成全国美丽乡村示范村。大力弘扬海洋文化，举办海洋文化节和连云港之夏旅游节等。连岛入选全国“和美海岛”，开通秦山岛至连岛定制海上公交旅游线路。海洋渔业逐步走向深蓝，“深蓝”号首个航次在南极作业海区捕捞南极磷虾 4 万余吨，南极磷虾产业园一期工程基本建成。紫菜育苗、养殖、加工规模全国领先，以牡蛎为代表的贝类养殖迅速兴起，全市贝类养殖总面积已达 13 万亩。赣榆渔港经济区获批国家级试点，海鲜电商产业迅速崛起，赣榆区位列 2023 年淘宝水产品电商销售额第一。海州湾海域、秦山岛东部海域国家级海洋牧场示范区先后获批，获批数量占全省的 1/2。

六、上海市

“十四五”以来，上海市全面贯彻“建设海洋强国”部署，坚持创新驱动、完善功能，坚持生态优先、人海和谐，坚持陆海统筹、河海联动，稳步推进上海海洋事业，海洋经济发展取得阶段性成效。成立由上海市政府主要领导任组长的上海市建设现代海洋城市工作领导小组，加强重大涉海事项决策部署、统筹推进和综合协调，印发《上海落实海洋强国战略实施方案》，出台《上海市贯彻海洋强国战略发展海洋经济加快建设现代海洋城市的实施方案》，明确提出要坚持陆海统筹，紧扣“建设国际领先的现代海洋城市、中国特色海洋强国建设引领区”目标，全力落实现代海洋城市建设实施方案。上海市深入推进国际航运中心建设，加快打造船舶与海洋工程装备设计、研发、制造基地。集装箱枢纽港实现升级发展，上海港集装箱吞吐量 13 年蝉联全球第一位。航运服务功能取得突破，境外国际集装箱沿海捎带政策出台，上海港实现中国首单保税 LNG 加注服务。加快海洋高能级机构集聚，与国际海事组织签署合作备忘录，上海波罗的海国际航运公会中心升级为亚太总部，中国船东协会（CSA）成为国际航运公会（ICS）正式会员。加快海洋装备自主产业链建设，推动建设上海船舶动力制造业创新中心和国家海洋动力装备计量测试中心，组建深海采矿装备、海上 LNG 装备、船舶动力等生态创新联合体，海洋磁场传感器、深海激光雷达、LNG 超低温柔性次屏蔽材料等一批关键核心技术装备和材料实现新突破，打破国外垄断。海洋船舶和工程装备的生产、研发取得新进展，2022 年造船完工量为 595.2 万载重吨，居全国第二位，全球最大的 2.4 万标准箱超大型集装箱船交付使用，深海无人潜水器“思源号”、深海重载作业采矿车“开拓1号”、海空两栖无人航行器“哪吒号”等海洋装备成功实现海试目标。

七、宁波市

“十四五”以来，浙江省宁波市认真贯彻落实海洋强国和海洋强省重大决策部署，坚持陆海统筹，做好蓝色文章。聚焦加快建设现代海洋城市，健全工作体系、强化谋划研究、创新方法举措、狠抓任务落实，持续推动海洋经济高质量发展，海洋经济总体实力有效增强。宁波市成立海洋经济工作专班，市长作为专班召集人，常务副市长为组长，市级26个相关职能部门作为专班成员单位，有效地构建了统筹谋划、各方参与、高效推进的工作机制。实施《宁波加快发展海洋经济建设全球海洋中心城市行动纲要》《宁波市海洋经济发展“十四五”规划》，助推现代海洋城市建设。宁波市加快建设世界一流港口，发展高端航运服务。加快现代化港区建设，穿山港区中宅矿石码头正式投产运营。推进港口一体化发展，完成宁波舟山港衢山、嵊泗、梅山等港区规划修订工作，“两场一仓”布局进一步优化，两地实现保税油跨港区双向直供、完成首次跨辖区合作引航。持续织密集疏运网络，开辟国内国际港口航线300余条，集装箱航线辐射全球200多个国家和地区的600多个港口。海铁联运业务覆盖16个省（自治区、直辖市）、63个地级市，班列增至23条，2022年集装箱海铁联运业务量同比增长20.6%。持续打造现代航运服务高地，提出努力打造港航服务业集聚区，推进北岸国际港航创新发展区建设，成立港航服务业高质量发展工作领导小组，鼓励骨干航运总部企业做优航运主业、扩大船队规模。聚焦港航服务业企业实际需求，出台港航服务业高质量发展若干政策等多项文件，安排5亿元专项资金予以扶持，“宁波舟山”连续两年跻身国际航运中心前十强，北仑（奉化）国家骨干冷链物流基地入选国家建设名单。宁波跻身第五航权开放城市。

八、厦门市

“十四五”以来，福建省厦门市筑牢海洋经济发展全局观念，锚定建成现代海洋城市目标，坚持陆海统筹，深耕海，守蔚蓝，立足资源禀赋和区位优势，科学谋划顶层设计，致力于做强做优海洋经济。厦门市积极建设区域性国际航运物流中心、国际商事仲裁中心和闽台海洋产业对接先行区，打造海洋药物和生物制品研发生产基地。强化集装箱干线港地位，截至2022年年底，厦门港“丝路海运”命名航线达94条，通达31个国家和地区的108座港口，中欧（厦门）班列累计开行1 208列、运输10.1万标准箱。推进国际商事仲裁中心建设，成立中国海事仲裁委员会海上丝路仲裁中心等系列高端法务机构，设立全国涉台公共法律服务中心、厦门国际商事争议解决服务中心等。开设国际商事海事法律咨询等涉外法律服务窗口，覆盖80多个国家、180多个地区的基础域外法查询等服务。加强信息化建设，建成“厦仲信息化管理平台”等系列产品，满足国际商事仲裁发展需要。出台《南向通道建设若干措施》，对厦金海运快件通道予以补助。率先实现厦金“小三通”客运复航，客运航线已平稳运行960个航次，运送旅客123 532人次。举办首届海峡两岸国际邮轮人才联合培训。初步形成了以海洋生物制药、功能性食品和海洋物种资源开发为特色的海洋药物和生物制品产业布局，辅酶 Q10、藻油 DHA、香兰素基本建成全球供应基地，海洋工具酶进入国际市场。抗菌肽、海藻纤维、虾青素等一批海洋药物和生物制品实现产业化。截至 2023 年年底，位于厦门市的中国海洋微生物菌种保藏管理中心库藏海洋微生物菌种 4.6 万株，成为全球规模最大的海洋菌种库。

九、深圳市

“十四五”以来，广东省深圳市依托区域优势推动海洋传统优势产业转型升级，持续推进海洋科技创新，培育壮大海洋战略性新兴产业集群，海洋经济实现了高速发展。出台《广东省现代海洋城市建设方案》《关于勇当海洋强国尖兵加快建设全球海洋中心城市的决定》《深圳市全球海洋中心城市建设行动计划（2022—2025 年）》《深圳市海洋经济发展“十四五”规划》《深圳市海洋发展规划（2023—2035 年）》，全方位引导推动现代海洋城市建设。成立深圳市建设全球海洋中心城市领导小组，由市委书记和市长双牵头，统筹实施市委、市政府关于加快推动全球海洋中心城市建设的各项部署，审议全市重大涉海规划、政策和项目。深圳市加快科技创新，培育壮大海洋信息、海洋生物、海洋清洁能源等海洋新兴产业。加大政策和财政支持力度，出台《关于勇当海洋强国尖兵 加快建设全球海洋中心城市的实施方案（2020—2025 年）》，提出“促进海工装备产业智能化和高端化”“大力发展海洋电子信息产业”“增强海洋生物医药产业实力”，建成一批标志性、代表性、关键性项目。下达专项资金支持海洋电子信息、海洋生物、天然气水合物等海洋六大产业创新发展，广东省促进经济高质量发展专项（海洋经济发展）安排资金近3亿元，共支持36个项目的关键核心技术攻关，取得一批高质量成果。加快建设涉海创新载体，截至2023年年底，已建成75个涉海创新载体，涵盖海洋电子信息、海洋能源、海洋生物、海洋工程装备、海洋资源勘探和深海技术等重点领域。加快推进公共服务平台建设，推动深圳现代海洋产业试验场、全球海洋大数据中心规划建设，系统提升公共服务效能。

十、北海市

“十四五”以来，广西壮族自治区北海市深入贯彻落实习近平总书记视察广西及北海的重要讲话精神，认真贯彻落实国家及自治区关于建设现代海洋城市的决策部署，摸索出一条海洋产业振兴之路，大力发展向海经济，推动北海高水平开放、高质量发展，经济发展呈现速度快、质量高、活力足、后劲强的特点。北海市成立由市委书记、市长担任组长的海洋经济创新发展示范工作领导小组、向海经济工作领导小组，从全市层面统筹示范工作推进，邀请全国海洋领域知名专家建立专家库，形成稳定的联系工作机制。北海市着力培育以绿色临港产业等为主体的向海产业，建设西部陆海新通道国际门户港。向海新兴产业加快发展，承接丹麦103米长过驳船、印度尼西亚693标准箱集装箱船等项目，实现北部湾地区船舶出口订单“零”的突破。临港临海产业聚集发展，打造高端金属新材料、绿色化工新材料、电子信息等“三千亿级”临港临海产业集群。2022年，北部湾经济区石油化工、电子信息、装备制造等八大产业集群营业收入突破万亿元。深入推进北部湾国际门户港建设，2023年北部湾港新增年通过能力超过 3 700 万吨，累计完成货物吞吐量 4.4 亿吨，同比增长 18.5%，其中完成集装箱吞吐量 802.2 万标准箱，同比增长 14.3%。

十一、三亚市

“十四五”以来，海南省三亚市践行习近平生态文明思想，提出“打造生态文明标杆”、建设“绿色三亚”奋斗目标，全面推进美丽海湾建设，打造充满活力、魅力的全球海洋旅游城市。推进三亚游艇港可持续发展，截至 2023 年年底，三亚市登记游艇 1 367 艘，建成游艇码头泊位 966 个。同时，以三亚港为中心，依水岸两侧打造成集全时段游艇旅游、商务办公、餐饮娱乐及免税购物于一体的休闲胜地，开发打造“夜游三亚湾”等生态产业品牌，形成生态、产业融合发展。2023 年洋浦港新开通内外贸集装箱班轮航线 5 条，其中 4 条为外贸航线，基本实现了国内沿海主要港口和东南亚地区主要港口全覆盖。改善海湾生态服务功能，开展海岸生态修复与保护，完成三亚湾西段砂质海岸保护修复项目，修复沙滩 5 000 米，建设离岸沙带总长 1 980 米，补沙量 55 万立方米，修复沙滩植被 2 000 米，完成生态护坡改造 264 米，完成三亚湾海洋生态修复工程项目珊瑚礁修复工程，包括在凤凰岛珊瑚礁修复区、鹿回头珊瑚礁修复区开展的珊瑚礁移植工作，投放球形小礁体 400 个。

第二节　海洋经济发展示范区

为落实《中华人民共和国国民经济和社会发展第十三个五年规划纲要》中关于“建设青岛蓝谷等海洋经济发展示范区”的重大部署，

2018年以来，国家发展改革委和自然资源部支持山东威海等16个海洋经济发展示范区建设，并明确各示范区的主要任务。示范区自设立以来，立足自身优势，围绕主要示范任务在推动海洋经济高质量发展方面先行先试。2022—2023年，16个示范区在进一步强化主要建设任务落实落细上下功夫、出成效。

一、天津临港海洋经济发展示范区

天津临港海洋经济发展示范区的主要任务是提升海水淡化与综合利用水平，推动海水淡化产业规模化应用示范。天津加快自然资源部天津临港海水淡化与综合利用示范基地建设，已基本具备投用条件。促进涉海高端装备制造业集聚，先后获批建设国家级创新型产业集群、国家新型工业化（装备制造）产业示范基地、国家科技兴海示范基地、国家外贸转型升级基地（海洋装备）、市级海洋装备产业主题园区、市级中小企业产业集群。已入驻海工装备企业近30家，链上企业共有9家。2023年共有10个海工装备项目开工建设，完成投资9.2亿元。海油工程天津基地正式投产，天津港保税区高端装备制造（海洋工程装备）产教联合体正式揭牌成立，成为全国首个聚焦海洋工程的产教联合体，打造“校、企、市、政”四方协同主体联合体，截至2023年年底联合体成员单位已达126家。

二、山东威海海洋经济发展示范区

山东威海海洋经济发展示范区的主要任务是发展远洋渔业和海洋

牧场，推动传统海洋渔业转型升级和海洋生物医药创新发展。2023 年，威海市水产品总产量 178.4 万吨，同比增长 3.1%。依托国家级水产健康养殖和生态养殖示范区，建设 4 个国家级原良种场（西霞口刺参、好当家刺参、长青皱纹盘鲍、长青海带），国家级海洋牧场示范区达到 12 处。首座深远海封闭式养殖平台完成布放，全国首家公益性海带种质资源库建成投用，“华祥 9”号南极磷虾捕捞加工船建造完成并出境作业。出台《关于加快推进威海预制菜产业高质量发展意见》，建成投用石岛高端海洋预制菜产业示范园，荣成市获评“中国海洋预制菜之乡”。山东蓝润生物科技有限公司与山东大学等 7 个院校单位共建山东省金枪鱼技术创新中心。截至 2023 年，示范区海洋生物医药企业超过 50 家，生产海洋生物医药产品 30 余种，产业集群规模突破 80 亿元。

三、山东日照海洋经济发展示范区

山东日照海洋经济发展示范区的主要任务是推动国际物流与航运服务创新发展，开展海洋生态文明建设示范。日照不断推动港口能级提升，2023 年，日照港新增集装箱航线 26 条，共有集装箱航线 62 条，其中内贸航线 38 条，外贸航线 24 条。优化集疏运体系，建成坪岚铁路扩能改造工程、疏港铁路互联互通工程，建成并启用全国沿海港口首个路港集疏运指挥中心，2023 年港口铁路集疏运量突破 1.6 亿吨，日照港非公路集疏运占比达 86%。实施海岸带修复工程，建成海龙湾、龙山湾等生态保护修复项目，其中海龙湾工程恢复了 1 882 米的砂质岸线，修复沙滩面积 46 万平方米，两次入选自然资源部生态保护修复典型案例。整治入海排污口，建立“统筹兼顾、部门分工、区级落实”

的工作机制，先后排查整治 1 573 个入海排污口，2023 年以来全市近岸海域水质优良面积比例保持在 100%。

四、山东青岛蓝谷海洋经济发展示范区

山东青岛蓝谷海洋经济发展示范区的主要任务是打造海洋科技源头创新高地、创新海洋科技成果转移转化机制、发展优势特色海洋产业。青岛蓝谷海洋重大创新平台加快建设，全力服务保障崂山实验室等重大创新平台发展，推动国家深海基因库、国家深海标本样品馆、国家深海大数据中心“国家深海三大平台”建设，国家水生动物防疫技术研发中心主体设施基本完工。海洋科技创新成果不断涌现，国家深海基地顺利通过竣工验收，成为我国第一个、世界第五个深海技术支撑基地；全球首艘 10 万吨级智慧渔业大型养殖工船——“国信 1 号”投入使用；国内首艘、全球最大的 300 标准箱智能无人集装箱商船——“智飞”号开启商业化运营。海洋科技人才引育进一步增强，2023 年新搭建专家工作站等引才平台 4 个，累计达到 86 个；新引进各类人才 2 700 余人，累计 1.5 万余人。

五、江苏连云港海洋经济发展示范区

江苏连云港海洋经济发展示范区的主要任务是推动国际海陆物流一体化模式创新，开展“蓝色海湾”综合整治。连云港国际枢纽港作用凸显，连云港市入选国家现代流通战略支点城市、国家综合货运枢纽补链强链支持城市。中哈（连云港）物流合作基地 2022 年完成进

出场集装箱量同比增长 10.8%，2023 年合计完成 54.3 万标准箱、增长 11.6%。上合组织（连云港）国际物流园获批国家级示范物流园，园区专用铁路开通运营，2022 年完成物流量同比增长 48.2%，中亚回程货运量居全国首位。连云港市全方位互联互通的多式联运通道初步构建，2023 年海河联运量完成 2 200 万吨、同比增长 8%，集装箱铁水联运量完成 86 万标准箱、同比增长 8.1%。海洋生态环境质量不断提升，2023 年，全面启动近岸海域综合治理攻坚行动，全年水质优良面积比例达到 96.8%。建立海上环卫制度，完成“蓝色海湾”整治行动，截至 2023 年年底，累计退养还湿 277.2 公顷，修复滨海湿地 389.9 公顷。连岛整治修复及保护入选全国海洋生态保护修复典型案例。

六、江苏盐城海洋经济发展示范区

江苏盐城海洋经济发展示范区的主要任务是探索滨海湿地、滩涂等资源综合保护与利用新模式，开展海洋生态保护和修复。盐城黄海湿地成功列入《世界遗产名录》，是全球第二块潮间带湿地遗产，也是中国第一处滨海湿地型世界自然遗产。实施一批湿地生态修复项目，推进条子泥生态保护修复，选取 1 080 亩区域，通过水系微生境打造、盐蒿地生境再造等措施实施湿地修复，获第二届江苏省“最美生态保护修复案例”，被评为“最美海湾”。全力推进投资 700 亿元的长三角（东台）康养基地建设，发挥世界自然遗产品牌效应，加快条子泥、黄海森林公园、巴斗渔村等综合开发，特色化发展滨海旅游产业，建设国家级健康农产品、特色海产品生产基地，品牌化发展绿色食品产业。

七、上海崇明海洋经济发展示范区

上海崇明海洋经济发展示范区的主要任务是开展海工装备产业发展模式创新，创新海洋产业投融资体制。上海崇明以高技术船舶为主导的船海产业发展势头强劲。2023 年全岛完成工业产值约 510 亿元，同比增长近 13%，交付船舶 41 艘。造船业最大单笔新船订单花落沪东中华造船（集团）有限公司，全球最大的 27.1 万立方米液化天然气船将在长兴基地建造交付。江南造船（集团）有限公司、沪东中华造船（集团）有限公司等龙头企业积极开展数字孪生、人工智能、智能制造等方面的研究和应用。海洋装备协同创新园正式运行，引入船舶磁性实验室、水声对抗、特种材料、减摇装置数字车间等海洋装备配套产业化项目。海洋科技港二期、芯片区标准厂房等配套载体即将建成，立足船海产业链安全、稳定、可靠的目标，举办船海产业新生态布局大会。

八、浙江宁波海洋经济发展示范区

浙江宁波海洋经济发展示范区的主要任务是提升海洋科技研发与产业化水平，创新海洋产业绿色发展模式。宁波市推进海洋科创资源引育赋能，机械科学研究总院南方中心组建海洋复合增材制造装备、智能成形装备、金属粉末制备装备等尖端创新团队；浙江万里学院宁海海洋生物种业研究院一期建成，并与中国海洋大学联合培养水产种业研究生。加快海洋双创载体建设，建成 37° 湾 – 象山科创中心众创空间等 2 家涉海众创空间。依托国家级海洋经济发展示范区专家服务基地建设，完善“柔性引才”制度，开展“青年与海”主题活动，聘任21名在各自领域具有一定影响力的“80后”“90后”成为合伙人。创新海洋生态价值转化路径，“北纬30度最美海岸线”全域旅游品牌持续打响。实施《宁波市美丽海湾保护与建设实施方案》，推进象山港美丽海湾建设。象山环石浦港成功获批全国首个海湾综合治理类EOD[①]项目，象山海洋生态保护修复项目获4亿元中央财政资金支持。探索海洋碳汇交易路径，在示范区率先开展海洋碳汇（大型养殖藻类）交易试点，2023年在全国首次以拍卖形式进行蓝碳交易，交易海洋碳汇量2 340.1吨。

九、浙江温州海洋经济发展示范区

浙江温州海洋经济发展示范区的主要任务是探索民营经济参与海洋经济发展新模式，开展海岛生态文明建设示范。温州市积极推动传统招商模式向市场化“大招商”方式转变，组建产业基金，大力实施基金招商，成功引进10亿元以上产业项目落地；充分利用产业链招商方式，发挥金风科技龙头企业聚合带动作用，引进一批海上风电装备产业链中的关键零部件龙头企业，招引结构件厂、塔筒厂、电机厂3个产业链配套企业，形成“引进一个、带动一批、形成一链”效果。设立海上花园绿化彩化美化委员会，30千米迎宾环线建成亮相，国际生态旅游岛门户形象大幅提升。浙江温州海洋经济发展示范区获评首批全省新时代美丽乡村示范区、省城市风貌样板区、全省大花园“耀眼

① EOD，即生态环境导向的开发。

明珠”、全省“无违建”争先创优示范区。鸟岛壮观场景登上中央电视台新闻频道的《朝闻天下》节目，创成首批省级生态文明建设实践体验地。创新实施生态产品价值实现机制，总投资近30亿元的“洞头诸湾·共富海上花园”EOD项目成功纳入中央生态环保金融支持项目储备库，成为全国首个海洋环境综合治理类EOD项目。

十、福建福州海洋经济发展示范区

福建福州海洋经济发展示范区的主要任务是推进海洋资源要素市场化配置，开展涉海金融服务模式创新。福州市海洋碳汇先行先试不断推动，成立全国首个县级海洋碳汇交易服务平台，发放全国首张蓝色碳票，完成海洋碳汇资源普查试点工作，举办海洋（渔业）碳汇高峰论坛，组建东南蓝碳监测与评估研究中心。涉海金融服务模式创新力度不断加大。设立海洋产业资金池，摸底福州市涉海企业融资需求并推介金融机构，构建涉海企业白名单，打通涉海企业融资渠道。设立总规模3亿元的福州市榕金海洋产业发展母基金，设立2只子基金。扩大涉海企业直接融资比重，加大海洋产业融资对接力度，福州市融资担保有限责任公司和连江县金凤融资担保有限公司重点支持涉海产业，涉海贷款在保721笔，在保余额55 250万元。

十一、福建厦门海洋经济发展示范区

福建厦门海洋经济发展示范区的主要任务是推动海洋新兴产业链延伸和产业配套能力提升，创新海洋环境治理与生态保护模式。厦门市现代海洋产业体系加快构建，启动建设 10.3 平方千米的省级海洋高新技术产业园区，构建以先进制造业和现代服务业为主的“6+2”现代海洋产业体系[①]，吸引一批海洋领域新兴产业企业及项目签约入驻。夯实现代化智慧港口建设，远海 5G 智慧港口系统项目顺利推进，“5G+北斗＋无人驾驶”智慧港口项目入选国家新型基础设施建设专项，海润码头智能化升级改造项目进入试运行阶段，积极探索无人船载人及货运示范应用场景。海洋生态治理成效显著，筼筜湖综合治理坚持陆海统筹、河海联运，成为国际海洋生态环境治理样本，下潭尾红树林作为海岸带生态减灾协同增效国际典型案例之一向全球宣传推介厦门经验。

十二、广东深圳海洋经济发展示范区

广东深圳海洋经济发展示范区的主要任务是加大海洋科技创新力度，引领海洋高新技术产业和服务业发展。深圳市不断增强海洋科技创新能力，发展海洋高新技术产业和服务业。中国海洋大学深圳研究院正式落户前海宝中片区，将加快建设海洋生物资源、海洋高端仪器装备、海洋生态环境三个实验室、一个智能海洋大数据中心和蓝色智库；妈湾智慧港正式开港，是粤港澳大湾区首个 5G 绿色低碳智慧港口；从事深海装备研发的 40 余家单位联合成立中国大洋矿产资源研究开发协会深海工程装备分会；承建的全球首个商用海底数据中心成功下水；中

① 厦门市六大主导海洋产业：海洋生物医药与制品、海洋高端装备与新材料、海洋信息与数字产业、渔港经济与海洋种苗业、海洋文创与高端滨海旅游、蓝碳及海水综合利用；两大科技经济支撑：海洋研发创新载体、海洋总部经济。

集海工海洋工程总装研发设计国家工程实验室与香港大学、香港城市大学签订技术合作协议，共同开展漂浮式风电开发装备、海上新能源制氢等关键核心技术攻关。推动国家远洋渔业基地（国际金枪鱼交易中心）规划建设，国际金枪鱼交易中心线上平台完成首单交易。

十三、广东湛江海洋经济发展示范区

广东湛江海洋经济发展示范区的主要任务是创新临港钢铁和临港石化循环经济发展模式，探索产学研用一体化体制机制。湛江市发展临港石化产业，积极引进外资。已引进并落户中科炼化一体化、巴斯夫一体化基地等 20 多个项目。中科炼化一体化项目生产建设规模为每年 1 000 万吨炼油和 80 万吨乙烯，2023 年完成工业产值 896.5 亿元。巴斯夫一体化基地项目计划投资约 100 亿欧元（约 780 亿元人民币），是巴斯夫股份公司迄今为止最大的单笔投资项目，也是中国重化工领域首个外商独资项目。

十四、广西北海海洋经济发展示范区

广西北海海洋经济发展示范区的主要任务是加大海洋经济对外开放合作力度，开展海洋生态文明建设示范。北海市加快建设铁山港区国家进口贸易促进创新示范区，推动北海港口岸提效、降费、优服。北海至玉林、贵港至北海等海铁联运班列投入运行，稳定北海至香港的外贸集装箱航线，开通首条连接大湾区的北海至东莞内贸集装箱直达航线。新建成北暮作业区 11 个泊位，铁山东港区实现开港。2023 年北海港港口累计完成货物吞吐量 5 300 万吨，同比增长近 20%。海洋生态环保成效显著，持续实施“蓝色海湾”整治行动和海岸带保护修复工程，北海金海湾红树林湿地新晋为国际重要湿地。北海银滩入选全国第二批美丽海湾优秀案例，是广西首次、唯一入选案例。2023 年北海市地表水优良水体比例达到 100%，居广西第一位。滨海旅游焕发生机，2023 年，北海上榜“十大旅游向往之城”，涠洲岛成为全国十大热门旅游目的地、上榜全国首批“和美海岛”，银滩国家旅游度假区升级为国家级旅游度假区。

十五、海南陵水海洋经济发展示范区

海南陵水海洋经济发展示范区的主要任务是开展海洋旅游业国际化、高端化发展示范。陵水持续深化海洋经济发展格局，以海洋经济发展示范区建设为引领，创新“海洋旅游 +”产业融合发展模式，推动海洋经济高质量发展。全面落实“往岸上走”“往深海走”“往休闲渔业走”战略，持续巩固深化海洋渔业发展优势。积极推进新村疍家文化旅游区、活力运动香水湾片区建设，完成环湖旅游带、香水湾片区核心路段滨海栈道等先导性项目启动建设，分界洲岛成功获批“和美海岛”创建示范岛。依托海底数据中心、国际海缆登陆站、陵水黎安国际教育创新试验区等优势资源，致力构建国际数据港和国际创作者港湾，大力抢占数字经济新赛道。全球首个商用海底数据中心在陵水下水并稳定运行，完成首批 10 个舱体的建造任务。

十六、吉林珲春海洋经济发展示范区

吉林珲春海洋经济发展示范区的主要任务是深化与宁波市海洋产业发展对接，开展海洋经济合作发展示范。珲春市坚持以扩大对外开放为引领，深入挖掘利用平台政策优势。全面畅通对外通道，大力实施“借港出海”战略，借助俄罗斯和朝鲜的港口先后开通多条陆海联运航线以及经俄罗斯符拉迪沃斯托克（海参崴）港、斯拉夫扬卡港至上海、宁波、青岛等中国沿海城市的内贸货物跨境运输航线，稳定运行海洋班列、跨境电商国际公路运输 TIR 卡车航班等跨境运输线路，成功开通清洁能源铁路专用线、珲春至莫斯科整车集装箱出口班列、珲马铁路邮政专列等跨境运输线路，获批中药材进口边境口岸、二手车出口、铁路口岸集装箱办理站等政策。珲春已成为我国最大的对俄跨境电商陆路口岸，创新性建立对俄首个陆路“白关”口岸，在俄罗斯乌苏里斯克海外仓成功挂牌“省级公共海外仓”和“延边州外贸合作服务仓”，上线运行“珲春 e 购”平台，推动跨境电商年贸易额由 2018 年的 4 300 万元激增到 2023 年的 50.8 亿元，年均增速达 90% 以上。

附　　表

附表1 海洋生产总值数据

指标	2022年		2023年	
	总值/亿元	增速/（%）	总值/亿元	增速/（%）
海洋生产总值	93 422	0.9	99 125	6.2
海洋产业	37 787	−2.1	40 584	8.1
海洋渔业	4 441	5.9	4 677	4.5
沿海滩涂种植业	5	2.7	5	0.6
海洋水产品加工业	952	0.8	973	0.1
海洋油气业	2 697	7.2	2 499	6.6
海洋矿业	197	2.2	218	0.8
海洋盐业	43	−3.2	40	−2.3
海洋船舶工业	957	5.5	1 186	20.6
海洋工程装备制造业	828	11.7	946	11.2
海洋化工业	4 273	0.2	4 362	8.4
海洋药物和生物制品业	740	4.9	739	5.3
海洋工程建筑业	1 994	3.0	2 079	4.7
海洋电力业	394	20.8	445	12.7
海水淡化与综合利用业	312	−1.7	322	2.7
海洋交通运输业	7 547	5.7	7 497	7.8
海洋旅游业	12 418	−14.9	14 564	9.8
海洋科研教育	6 085	4.4	6 471	4.7
海洋公共管理服务	15 856	3.2	16 497	3.0
海洋上游相关产业	13 406	1.4	14 200	6.6
海洋下游相关产业	20 288	3.4	21 372	5.6

注：产业分类执行《海洋及相关产业分类》（GB/T 20794—2021），区域范围为沿海地区和非沿海地区，未包括香港特别行政区、澳门特别行政区和台湾地区。2022年和2023年数据为初步核实数，部分数据因四舍五入的原因，存在总计与分项值合计不等的情况。

附表 2　沿海省（自治区、直辖市）2022—2023 年海洋生产总值及名义增速

沿海省份	2022 年			2023 年		
	海洋生产总值 / 亿元	名义增速 /（%）	占地区生产总值比重 /（%）	海洋生产总值 / 亿元	名义增速 /（%）	占地区生产总值比重 /（%）
北部海洋经济圈						
辽宁省	4 575	2.5	15.9	4 853	6.1	15.5
河北省	2 755	3.8	6.6	2 892	5.0	6.3
天津市	5 516	6.3	34.2	5 400	−2.1	31.4
山东省	16 261	9.6	18.6	16 972	4.4	18.0
东部海洋经济圈						
江苏省	8 998	7.2	7.4	9 592	6.6	7.3
上海市	9 138	−5.3	20.4	10 244	12.1	19.9
浙江省	10 466	7.5	13.4	11 279	7.8	13.2
南部海洋经济圈						
福建省	11 338	3.3	21.9	11 827	4.3	21.6
广东省	18 029	5.4	13.9	19 004	5.4	13.8
广西壮族自治区	2 294	2.9	8.8	2 440	6.4	8.9
海南省	2 009	−0.4	29.2	2 451	22.0	32.3

注：2022 年和 2023 年数据为初步核实数。

附表 3　2022—2023 年国务院有关部门发布的促进海洋经济发展的相关政策规划

海洋产业	政策 / 规划	发布机构	发布时间
海洋渔业	《“十四五”全国渔业发展规划》	农业农村部	2022 年 1 月
	《国家级海洋牧场示范区名单（第七批）》	农业农村部	2022 年 1 月
	《关于做好“十四五”水生生物增殖放流工作的指导意见》	农业农村部	2022 年 1 月
	《关于加强海水养殖生态环境监管的意见》	生态环境部、农业农村部	2022 年 1 月
	《关于促进“十四五”远洋渔业高质量发展的意见》	农业农村部	2022 年 2 月
	《中华人民共和国渔业船员管理办法（2022 年修订版）》	农业农村部	2022 年 2 月
	《关于做好金枪鱼渔业国际履约工作的通知》	农业农村部	2022 年 3 月
	《远洋渔业“监管提升年”行动方案》	农业农村部	2022 年 3 月
	《海洋渔业船员违法违规记分办法》	农业农村部	2022 年 4 月
	《渔业“三品一标”提升行动实施方案（2022 年）》	农业农村部	2022 年 9 月
	《关于加强水生生物资源养护的指导意见》	农业农村部	2022 年 11 月
	《海洋渔业行政处罚自由裁量基准（试行）》	农业农村部	2022 年 12 月
	《国家级水产健康养殖和生态养殖示范区名单（2022 年）》	农业农村部	2022 年 12 月
	《国家级海洋牧场示范区名单（第八批）》	农业农村部	2023 年 1 月
	《关于加快推进深远海养殖发展的意见》	农业农村部等八部门	2023 年 6 月
	《关于延续实施远洋船员个人所得税政策的公告》	财政部、国家税务总局	2023 年 8 月
	《关于加强渔政执法能力建设的指导意见》	农业农村部	2023 年 11 月
	《关于优化养殖用海管理的通知》	自然资源部、农业农村部	2023 年 12 月

续表

海洋产业	政策 / 规划	发布机构	发布时间
海洋油气业	《关于更新中外合作油（气）田开采企业名单的通知》	财政部、国家税务总局	2023 年 10 月
海洋船舶工业	《关于加快邮轮游艇装备及产业发展的实施意见》	工业和信息化部等五部门	2022 年 8 月
	《船舶制造业绿色发展行动纲要（2024—2030 年）》	工业和信息化部等五部门	2023 年 12 月
	《关于加快推进现代航运服务业高质量发展的指导意见》	交通运输部等五部门	2023 年 12 月
海洋交通运输业	《“十四五”现代综合交通运输体系发展规划》	国务院办公厅	2022 年 1 月
	《水运“十四五”发展规划》	交通运输部	2022 年 1 月
	《交通领域科技创新中长期发展规划纲要（2021—2035 年）》	交通运输部	2022 年 3 月
	《关于支持国家综合货运枢纽补链强链的通知》	财政部	2022 年 7 月
	《推进铁水联运高质量发展行动方案（2023—2025 年）》	交通运输部等五部门	2023 年 3 月
	《加快建设交通强国五年行动计划（2023—2027 年）》	交通运输部等五部门	2023 年 3 月
	《关于加快沿海和内河港口码头改扩建工作的通知》	交通运输部等五部门	2023 年 3 月
	《关于加快智慧港口和智慧航道建设的意见》	交通运输部	2023 年 12 月
	《关于加快推进现代航运服务业高质量发展的指导意见》	交通运输部等五部门	2023 年 12 月

续表

海洋产业	政策 / 规划	发布机构	发布时间
海洋电力业	《促进新时代新能源高质量发展实施方案》	国务院办公厅	2022 年 5 月
	《关于进一步做好新增可再生能源消费不纳入能源消费总量控制有关工作的通知》	国家发展改革委	2022 年 8 月
	《国家能源局关于印发可再生能源电价附加资金补助项目审核确认管理暂行办法的通知》	国家能源局	2023 年 4 月
	《风电场改造升级和退役管理办法》	国家能源局	2023 年 6 月
	《2023 年海上风电施工安全专项监管工作方案》	国家能源局	2023 年 6 月
	《关于做好可再生能源绿色电力证书全覆盖工作促进可再生能源电力消费的通知》	国家发展改革委、财政部、国家能源局	2023 年 7 月
	《国家能源局关于组织开展可再生能源发展试点示范的通知》	国家能源局	2023 年 10 月
海洋旅游业	《"十四五"旅游业发展规划》	国务院	2022 年 1 月
	《关于释放旅游消费潜力推动旅游业高质量发展的若干措施》	国务院办公厅	2023 年 9 月
	《国家级自然公园管理办法（试行）》	国家林业和草原局	2023 年 10 月
海洋信息服务业	《"十四五"数字经济发展规划》	国务院	2022 年 1 月
	《关于构建数据基础制度更好发挥数据要素作用的意见》	中共中央、国务院	2022 年 12 月
	《数字中国建设整体布局规划》	中共中央、国务院	2023 年 2 月

续表

海洋产业	政策 / 规划	发布机构	发布时间
其他	《港口岸线使用审批管理办法》	交通运输部、国家发展改革委	2022 年 1 月
	《“十四五”海洋生态环境保护规划》	生态环境部等六部门	2022 年 1 月
	《海岸带生态保护和修复重大工程建设规划（2021—2035 年）》	自然资源部、国家发展改革委、国家林业和草原局	2022 年 1 月
	《“十四五”海洋生态保护修复行动计划》	自然资源部办公厅	2022 年 4 月
	《关于加强入河入海排污口监督管理工作的实施意见》	国务院办公厅	2022 年 3 月
	《中国银保监会关于印发银行业保险业绿色金融指引的通知》	中国银行和保险监督管理委员会	2022 年 6 月
	《关于组织申报 2023 年海洋生态保护修复工程项目的通知》	财政部	2022 年 9 月
	《中国银保监会办公厅关于印发绿色保险业务统计制度的通知》	中国银行和保险监督管理委员会	2022 年 11 月
	《自贸试验区重点工作清单（2023—2025 年）》	商务部	2023 年 6 月
	《自然资源部关于进一步做好用地用海要素保障的通知》	自然资源部	2023 年 6 月
	《关于探索推进海域立体分层设权工作的通知》	自然资源部	2023 年 11 月
	《自然资源部关于支持广东全面建设海洋强省和支持广州南沙开展土地管理综合改革试点意见的函》	自然资源部	2023 年 12 月

附表 4　2022—2023 年沿海地区发布的促进海洋经济发展的相关政策规划

地区	政策 / 规划	发布机构	发布时间
辽宁省	《辽宁省“十四五”海洋经济发展规划》	辽宁省人民政府办公厅	2022 年 1 月
	《大连市关于加快推进渔业高质量发展的意见》	大连市人民政府办公厅	2022 年 2 月
	《辽宁省渔业发展补助资金管理办法》	辽宁省农业农村厅	2022 年 2 月
	《辽宁省“十四五”渔业发展规划》	辽宁省农业农村厅	2022 年 3 月
	《辽宁省沿海渔港布局规划》	辽宁省农业农村厅	2022 年 6 月
	《关于为稳住经济大盘做好报省政府项目用海审核工作的通知》	辽宁省自然资源厅	2022 年 7 月
	《关于积极做好我省用地用海要素保障的通知》	辽宁省自然资源厅	2022 年 8 月
	《全省海洋捕捞渔船“木改钢”和减船转产工作实施方案》	辽宁省农业农村厅	2022 年 11 月
	《辽宁省加强入河入海排污口监督管理工作方案》	辽宁省人民政府办公厅	2022 年 12 月
	《国家级海洋牧场示范区人工鱼礁项目管理办法（试行）》	大连市海洋发展局	2023 年 5 月
	《关于推进海域使用权立体分层设权的通知》	辽宁省自然资源厅	2023 年 7 月
	《辽宁省支持文旅产业高质量发展若干政策措施》	辽宁省人民政府办公厅	2023 年 9 月
	《全面加强涉海渔船渔港综合管控若干措施（试行）》	中共辽宁省委农村工作领导小组办公室、辽宁省农业农村厅、辽宁省公安厅等部门	2023 年 12 月

续表

地区	政策 / 规划	发布机构	发布时间
河北省	《河北省港口污染防治条例》	河北省人民代表大会常务委员会	2022 年 7 月
	《秦皇岛市休闲船艇管理规定》	秦皇岛市人民政府办公厅	2022 年 8 月
	《河北省加快建设旅游强省行动方案》	河北省人民政府办公厅	2023 年 3 月
	《加快河北省战略性新兴产业融合集群发展行动方案（2023—2027 年）》	河北省人民政府办公厅	2023 年 4 月
	《关于规范海上光伏项目用海的通知》	河北省自然资源厅	2023 年 12 月
天津市	《天津市促进海水淡化产业发展若干规定》	天津市人民代表大会常务委员会	2022 年 1 月
	《天津市促进海水淡化产业高质量发展实施方案》	天津市发展改革委、天津市规划资源局、天津市水务局	2022 年 4 月
	《天津市海水淡化产业发展“十四五”规划》	天津市人民政府办公厅	2022 年 5 月
	《天津市促进港产城高质量融合发展的政策措施》	天津市人民政府办公厅	2023 年 6 月
山东省	《青岛市海洋牧场管理条例》	山东省人民代表大会常务委员会	2022 年 1 月
	《青岛市促进航运产业高质量发展 15 条政策》	山东省人民政府办公厅	2022 年 1 月
	《青岛市支持海洋经济高质量发展 15 条政策》	山东省人民政府办公厅	2022 年 1 月
	《青岛市海水淡化项目建设奖补政策实施细则（试行）》	青岛市海洋发展局、青岛市财政局	2022 年 1 月
	《长岛海洋生态文明综合试验区建设行动计划》	山东省发展改革委	2022 年 2 月

续表

地区	政策/规划	发布机构	发布时间
山东省	《海洋强省建设行动计划》	中共山东省委、山东省人民政府	2022年3月
	《山东省船舶与海洋工程装备产业发展“十四五”规划》	山东省工业和信息化厅	2022年3月
	《山东省“十四五”水生生物增殖放流发展规划》	山东省农业农村厅	2022年6月
	《烟台市海洋牧场“百箱计划”项目三年行动方案》	烟台市人民政府办公室	2022年6月
	《山东省规范牡蛎产业发展指导意见》	山东省农业农村厅	2022年7月
	《贯彻落实青岛市支持海洋经济高质量发展15条政策的实施细则》	青岛市海洋发展局、青岛市财政局	2022年7月
	《山东省2022年中央财政渔业发展补助资金项目实施方案》	山东省农业农村厅、山东省财政厅	2022年8月
	《青岛市现代海洋英才激励办法（暂行）》	青岛市人民政府办公厅	2022年8月
	《青岛市支持海洋经济高质量发展海洋药物及生物制品产业发展奖补项目实施细则》	青岛市工业和信息化局	2022年9月
	《海上风电通航安全管理办法》	潍坊海事局	2022年10月
	《山东省海水淡化利用发展行动实施方案》	山东省海洋局、山东省发展改革委	2022年10月
	《威海市海洋种业发展规划（2022—2035年）》	威海市海洋发展局	2022年11月
	《关于加强生态保护红线管理的通知》	山东省自然资源厅、山东省生态环境厅	2023年1月
	《山东省入河入海排污口监督管理工作方案》	山东省人民政府办公厅	2023年2月

续表

地区	政策 / 规划	发布机构	发布时间
山东省	《海上风电通航安全管理办法（暂行）》	山东海事局	2023 年 3 月
	《2023 年山东省水产绿色健康养殖技术推广“五大行动”实施方案》	山东省农业农村厅	2023 年 3 月
	《关于印发东营市入河入海排污口监督管理实施方案的通知》	东营市人民政府办公室	2023 年 3 月
	《山东省海上风电财政补贴实施细则》	山东省发展改革委、山东省能源局、山东省财政厅	2023 年 4 月
	《鲁北盐碱滩涂地风光储输一体化基地“十四五”开发计划》	山东省能源局	2023 年 6 月
	《青岛市海洋发展领域优化营商环境二十条措施》	青岛市海洋发展局	2023 年 7 月
	《潍坊市推进临港经济区建设行动方案（2023—2025 年）》	潍坊市人民政府办公室	2023 年 7 月
	《关于推进海域立体分层设权的通知》	滨州市海洋发展和渔业局等 3 部门	2023 年 7 月
	《山东省世界级港口群建设三年行动方案（2023—2025 年）》	山东省人民政府办公厅	2023 年 8 月
	《关于建立实施自然岸线占补制度的通知》	山东省海洋局	2023 年 8 月
	《推进青岛西海岸新区高质量发展三年行动计划（2023—2025 年）》	山东省人民政府办公厅	2023 年 9 月
	《山东省海洋药物和生物制品业发展规划（2023—2027 年）》	山东省海洋局等 7 部门	2023 年 9 月
	《山东省海洋数字经济培育行动方案（2023—2025 年）》	山东省自然资源厅等 19 部门	2023 年 10 月
	《青岛市促进文旅深度融合推动旅游业高质量发展若干措施》	青岛市人民政府办公厅	2023 年 10 月

续表

地区	政策 / 规划	发布机构	发布时间
山东省	《山东省船舶与海工装备产业链绿色低碳高质量发展三年行动实施方案（2023—2025 年）》	山东省工业和信息化厅等 17 部门	2023 年 11 月
	《推进海洋旅游高质量发展的实施方案（2024—2026 年）》	山东省文化和旅游厅等 10 部门	2023 年 12 月
	《关于印发烟台市海洋药物和生物制品业发展规划（2023—2027 年）的通知》	烟台市人民政府办公室	2023 年 12 月
江苏省	《关于加快推进渔业机械化高质量发展的实施意见	江苏省农业农村厅	2022 年 1 月
	《江苏省海洋渔业船舶安全生产记分管理办法（试行）》	江苏省农业农村厅	2022 年 3 月
	《江苏省“十四五”船舶与海洋工程装备产业发展规划》	江苏省工业和信息化厅	2022 年 3 月
	《关于进一步提升全省船舶与海工装备产业竞争力若干政策措施的通知》	江苏省人民政府办公厅	2022 年 7 月
	《关于推进世界级滨海生态旅游廊道建设实施方案》	江苏省文化和旅游厅	2022 年 8 月
	《江苏省民用船舶搭靠外国籍船舶管理办法》	江苏省人民政府办公厅	2023 年 2 月
	《江苏省海上光伏开发建设实施方案（2023—2027 年）》	江苏省发展改革委	2023 年 6 月
	《江苏省海洋产业发展行动方案》	江苏省人民政府办公厅	2023 年 8 月
	《江苏省新能源船舶产业高质量发展三年行动方案（2023—2025 年）》	江苏省工业和信息化厅等 9 部门	2023 年 9 月
	《现代设施渔业建设专项实施方案》	江苏省农业农村厅	2023 年 9 月

续表

地区	政策 / 规划	发布机构	发布时间
江苏省	《海洋新材料产业发展三年行动计划（2023—2025 年）》	连云港市人民政府办公厅	2023 年 9 月
	《关于加快推进海洋渔业发展若干措施》	江苏省农业农村厅	2023 年 12 月
上海市	《关于支持中国（上海）自由贸易试验区临港新片区加快建设独立综合性节点滨海城市的若干政策措施》	上海市人民政府办公厅	2022 年 8 月
	《上海港提高靠港船舶岸电使用率实施方案（2023 年）》	上海市交通委员会、上海海事局	2023 年 5 月
	《提升上海航运服务业能级 助力国际航运中心建设行动方案》	上海市人民政府办公厅	2023 年 7 月
	《推进国际邮轮经济高质量发展上海行动方案（2023—2025 年）》	上海市人民政府办公厅	2023 年 7 月
	《上海水务海洋数字孪生建设三年行动计划（2023—2025 年）》	上海市水务局	2023 年 9 月
	《上海市落实〈关于在有条件的自由贸易试验区和自由贸易港试点对接国际高标准推进制度型开放的若干措施〉实施方案》	上海市人民政府办公厅	2023 年 9 月
	《关于在上海市创建"丝路电商"合作先行区的方案》	商务部、上海市人民政府办公厅	2023 年 10 月
	《上海市加快合成生物创新策源打造高端生物制造产业集群行动方案（2023—2025 年）》	上海市人民政府办公厅	2023 年 10 月
	《上海船舶与海洋工程装备产业高质量发展行动计划（2023—2025 年）》	上海市经济和信息化委员会等 7 部门	2023 年 11 月
	《上海市海域使用金征收管理办法》	上海市人民政府办公厅	2023 年 12 月

续表

地区	政策 / 规划	发布机构	发布时间
浙江省	《关于推进海域使用权立体分层设权的通知》	浙江省自然资源厅	2022 年 4 月
	《关于印发浙江省加强涉海涉渔领域安全生产系统治理促进海洋渔业高质量发展行动方案（2022—2024 年）的通知》	浙江省人民政府办公厅	2022 年 4 月
	《浙江省港口岸电奖补办法》	浙江省交通运输厅	2022 年 5 月
	《浙江省海洋渔船减船转产实施方案》	浙江省农业农村厅	2022 年 7 月
	《宁波市海洋经济发展专项资金管理办法》	宁波市人民政府办公厅	2022 年 8 月
	《关于促进远洋渔业高质量发展的若干意见》	浙江省农业农村厅、浙江省财政厅	2022 年 9 月
	《浙江省加强入河入海排污口监督管理工作方案》	浙江省人民政府办公厅	2022 年 12 月
	《舟山远洋渔业高质量发展三年攻坚行动方案（2023—2025 年）》	浙江省舟山市人民政府办公厅	2023 年 1 月
	《世界一流强港建设工程实施方案（2023—2027 年）》	浙江省人民政府办公厅	2023 年 2 月
	《浙江省 2023 年水产绿色健康养殖"五大行动"实施方案》	浙江省水产技术推广总站	2023 年 4 月
	《浙江省省级水产原良种场管理办法》	浙江省农业农村厅	2023 年 6 月
	《关于进一步做好自然资源要素保障的通知》	浙江省自然资源与规划厅	2023 年 9 月

续表

地区	政策 / 规划	发布机构	发布时间
福建省	《福建省海洋渔业资源养护补贴政策实施方案》	福建省海洋与渔业局、福建省财政厅	2022 年 2 月
	《关于印发福建省建设世界一流港口做大做强东南国际航运中心工作方案的通知 》	福建省交通运输厅、福建省发展改革委、福建海事局	2022 年 4 月
	《加强入河入海排污口监督管理工作方案》	福建省人民政府办公厅	2022 年 8 月
	《福建省“十四五”渔业发展专项规划》	福建省海洋与渔业局	2022 年 9 月
	关于加强用地用海保障支持“三新”经济发展的通知	福建省自然资源厅	2022 年 10 月
	《关于加强海洋捕捞渔船组织化建设的指导意见》	福建省海洋与渔业局	2023 年 2 月
	《漳州银行业保险业开展“五个工程”推动蓝色金融发展的工作方案》	中国银行保险监督管理委员会漳州监管分局等 7 部门	2023 年 6 月
	《福建省海洋经济促进条例》	福建省人民代表大会常务委员会	2023 年 11 月
广东省	《广东省渔港建设攻坚行动方案（2021—2025）》	中共广东省委	2022 年 1 月
	《深圳市沙滩资源保护管理办法》	深圳市规划和自然资源局	2022 年 1 月
	《2022—2024 年广东省政策性渔业保险实施方案》	广东省农业农村厅	2022 年 2 月
	《广东省海洋生态环境保护“十四五”规划》	广东省生态环境厅	2022 年 5 月
	《加快推进现代渔业高质量发展的意见》	广东省人民政府办公厅	2022 年 5 月

续表

地区	政策 / 规划	发布机构	发布时间
广东省	《广东省港口布局规划（2021—2035 年）》	广东省人民政府办公厅	2022 年 6 月
	《〈广东省海域使用金征收标准（2022 年修订）〉的通知》	广东省人民政府办公厅	2022 年 6 月
	《广东省海洋观测网“十四五”规划》	广东省自然资源厅	2022 年 6 月
	《加强海水养殖生态环境监管实施方案》	广东省生态环境厅	2022 年 7 月
	《深圳市现代渔业发展规划（2022—2025 年）》	深圳市规划和自然资源局	2022 年 10 月
	《广东省海洋渔业资源养护补贴政策实施方案》	广东省农业农村厅、广东省财政厅	2023 年 1 月
	《广东省 2023 年海上风电项目竞争配置工作方案》	广东省发展改革委	2023 年 6 月
	《广州南沙科学城总体发展规划（2022—2035 年）》	广州市人民政府办公厅	2023 年 6 月
	《阳江市 2023 年海上风电项目竞争配置工作方案》	阳江市人民政府办公厅	2023 年 6 月
	《关于加强海洋资源要素保障促进现代化海洋牧场高质量发展的通知》	广东省自然资源厅	2023 年 7 月
	《深圳市小梅沙海域详细规划》	深圳市规划和自然资源局	2023 年 7 月
	《珠海市海岛保护与利用规划》	珠海市自然资源局	2023 年 7 月
	《关于优化环境影响评价管理促进海洋牧场高质量发展的通知》	广东省生态环境厅	2023 年 8 月
	《湛江市现代化海洋牧场建设行动方案（2023—2035 年）》	中共湛江市委、湛江市人民政府	2023 年 8 月
	《湛江市支持现代化海洋牧场高质量发展十五条措施》	湛江市人民政府办公厅	2023 年 8 月

续表

地区	政策 / 规划	发布机构	发布时间
广东省	《汕尾市金融支持“海洋牧场”高质量发展的若干措施》	汕尾市金融工作局等 6 部门	2023 年 8 月
	《关于加快海洋渔业转型升级促进现代化海洋牧场高质量发展的若干措施》	中共广东省委农村工作办公室、广东省农业农村厅	2023 年 9 月
	《深圳市促进海洋产业高质量发展的若干措施》	深圳市规划和自然资源局	2023 年 11 月
广西壮族自治区	《广西壮族自治区 2021—2025 年近海渔民减船转产项目实施方案（试行）》	广西壮族自治区农业农村厅	2022 年 2 月
	《广西高质量建设西部陆海新通道若干政策措施》	广西壮族自治区人民政府办公厅	2022 年 5 月
	《广西壮族自治区 2021—2025 年渔业发展支持政策总体实施方案》	广西壮族自治区农业农村厅	2022 年 7 月
	《钦州—北海—防城港港口型国家物流枢纽高质量建设三年行动计划（2022—2024 年）》	广西壮族自治区人民政府办公厅	2022 年 8 月
	《“十四五”渔业高质量发展规划》	广西壮族自治区农业农村厅	2022 年 11 月
	《中国—东盟信息港建设实施方案（2022—2025 年）》	广西壮族自治区人民政府办公厅	2022 年 11 月
	《关于开展海域使用权立体分层设权工作的意见》	广西壮族自治区海洋局、广西壮族自治区自然资源厅	2022 年 12 月
	《进一步深化中国（广西）自由贸易试验区改革开放方案》	广西壮族自治区人民政府办公厅	2023 年 2 月
	《广西港口集疏运铁路建设实施方案（2022—2025 年）》	广西壮族自治区交通运输厅	2023 年 2 月

续表

地区	政策 / 规划	发布机构	发布时间
广西壮族自治区	《广西大力发展向海经济建设海洋强区三年行动计划（2023—2025 年）》	广西壮族自治区人民政府办公厅	2023 年 4 月
	《广西推进现代渔业高质量发展实施方案（2023—2025 年）》	广西壮族自治区人民政府办公厅	2023 年 9 月
海南省	《海南省“十四五”海洋生态环境保护规划》	海南省生态环境厅	2022 年 1 月
	《海南省养殖水域滩涂规划（2021—2030 年）修编》	海南省人民政府办公厅	2022 年 3 月
	《海南自由贸易港游艇产业促进条例》	海南省人民代表大会常务委员会	2022 年 3 月
	《三亚市海洋经济发展“十四五”规划（2021—2025 年）》	三亚市人民政府办公厅	2022 年 3 月
	《海南省风电装备产业发展规划（2022—2025 年）》	海南省工业和信息化厅	2022 年 5 月
	《海南经济特区海岸带保护与利用管理实施细则》	海南省人民政府办公厅	2022 年 6 月
	《海南省休闲渔业管理办法（试行）》	海南省人民政府办公厅	2022 年 9 月
	《海南省市县渔业养殖保险奖补实施方案》	海南省财政厅、海南省农业农村厅、中国银行保险监督管理委员会海南监管局	2022 年 10 月
	《海南省海域使用权审批出让管理办法》	海南省人民政府办公厅	2022 年 11 月
	《关于支持海洋渔业高质量发展有关用海政策的若干意见》	海南省自然资源和规划厅、海南省财政厅、海南省农业农村厅	2022 年 12 月

续表

地区	政策 / 规划	发布机构	发布时间
海南省	《水产养殖尾水排放标准》	海南省生态环境厅、海南省市场监督管理局	2023 年 1 月
	《海南省海洋牧场试点项目管理暂行办法》	海南省农业农村厅等五部门	2023 年 2 月
	《加快渔业转型升级促进海南渔业高质量发展若干措施》	海南省人民政府办公厅	2023 年 3 月
	《加快渔业转型升级 促进海南渔业高质量发展三年行动方案（2023—2025 年）》	海南省人民政府办公厅	2023 年 3 月
	《三亚市休闲渔业管理办法（试行）》	三亚市人民政府办公厅	2023 年 8 月
	《海南省水产养殖项目直接奖补资金管理实施细则》	海南省农业农村厅	2023 年 9 月
	《三亚市水上旅游管理办法》	三亚市人民政府办公厅	2023 年 10 月
	《海南省精品休闲渔业示范基地建设规范》	海南省农业农村厅	2023 年 11 月
	《海南省精品休闲渔业示范基地认定和运行监测管理暂行办法》	海南省农业农村厅	2023 年 11 月